Umweltbundesamt

PFLANZENSCHUTZMITTELEINSATZ IN DER FORSTWIRTSCHAFT

Eine ökologische und legistische Standortbestimmung

Angelika MÜLLER
Rudolf FREIDHAGER
Josef HACKL

MONOGRAPHIEN
BAND 34

Wien, Dezember 1993

Bundesministerium für Umwelt,
Jugend und Familie

Projektleiter: Josef Hackl (UBA)

Mitarbeit: Robert Sattelberger (UBA), Überarbeitung des Gesetzlichen und des Humantoxikologischen Teils, Rudolf Lebenits (UBA), forstfachliche Beiträge

editorische Betreuung: Maria Deweis, Elisabeth Lössl (UBA)

Layout: Elisabeth Lössl

Dank: *Univ. Prof. Dr. Führer (Institut für Forstentomologie, Forstpathologie und Forstschutz der Universität für Bodenkultur) für Vorwort und fachliche Durchsicht des Manuskriptes*
Dr. Fischer–Colbrie (Direktor der Bundesgärten) und Dr. Hellriegel (Forstschutzbeauftragter, Südtirol) für die fachliche Unterstützung
Dipl–Ing. Heinrich Schmutzenhofer und Hofrat Dipl.–Ing. Dr. Edwin Donaubauer (Forstliche Bundesversuchsanstalt Wien) für fachliche Auskünfte

Titelbild: Abbau und Verbleib eines Herbizidwirkstoffes im Boden (verändert nach Weeds Today, 1974, 4, 16–17), Manuela Kaitna (UBA)

ZEICHENERKLÄRUNG

▶ Zugelassene Wirkstoffe

▬ Wirkstoffe bzw. Handelsprodukte, die im Amtlichen Pflanzenschutzmittelverzeichnis 1993 nicht mehr aufscheinen bzw. für die keine Forstindikation mehr ausgewiesen ist

⊘ Wirkstoffe, die aufgrund der Planzenschutzmittelverbotsverordnung BGBl.Nr. 97/1992 generell bzw. für die Anwendung im Forst verboten sind

Impressum

Medieninhaber und Herausgeber: Umweltbundesamt, 1090 Wien, Spittelauer Lände 5

Druck: Styria, Graz.

ISBN 3–85457–111–9

VORWORT

Gemessen an dem Gewicht all jener existenzbedrohenden Umweltprobleme, mit denen sich unsere Gesellschaft heute konfrontiert sieht, mag eine Beschäftigung mit der Pestizidanwendung in der Forstwirtschaft beinahe wie Zeitverschwendung anmuten. Die Praxis des Forstschutzes verdient dennoch eine kritische Analyse, läßt sie doch wesentliche Fragen bewußt werden, die die Grundeinstellung der Forstwirtschaft und der Gesellschaft zum Wald, seiner Nutzung und seiner dauerhaften Sicherung betreffen.

In unserer Zeit zwingt die Verknappung und Vergiftung unserer natürlichen Ressourcen zu fundamentalen Umdenkprozessen. Hier sind jene Zweige der Landnutzung, deren Maßnahmen durch Langzeiteffekte gekennzeichnet sind, mehr als alle anderen Nutzungsformen zur Revision ihrer Nutzungsstrategien aufgerufen. Diesbezügliche Fehlentwicklungen in der Vergangenheit verursachen heute verhängnisvolle Spätfolgen, Fehler der Gegenwart programmieren Probleme für die Zukunft. Die Wälder bilden ein klassisches Schulbeispiel für dieses "ökologische Trägheitsmoment", das auch das Wirksamwerden jeder Neuorientierung verzögert und hiedurch die Neuorientierung selbst psychologisch erschwert.

Die neue, multifunktionale Bewertung der Wälder durch unsere Zivilisationsgesellschaft wurde durch die Erscheinungen des Waldniederganges ("Waldsterben") verstärkt in das Bewußtsein jedes einzelnen Bürgers gerückt, zugleich aber auch um weitere Facetten – z. B. hinsichtlich der begrenzten Kapazität der Wälder als Schadstoffdeponie – bereichert. Auch wenn die Einschätzung unserer Wälder als relativ wenig verfälschter Naturraum sich bei näherer Betrachtung als Irrtum erweist, so werden doch vom Wald vielfältige lebenswichtige Leistungen erwartet, die kein anderer Bereich der Kulturlandschaft zu erbringen vermag. Sehr verständlich ist daher die Sorge um die Vermeidung jeglicher Giftkontamination von Waldökosystemen. So kommt die äußerst kritische Haltung der sensibilisierten Öffentlichkeit gegenüber Pestizidanwendungen jeglicher Art im forstlichen Bereich nicht überraschend, zumal es offensichtlich nicht gelingt, die Belastung der Wälder durch allgegenwärtige Umweltgifte, d.h. Luftschadstoffe, in befriedigendem Maße zu reduzieren.

Die Forstwirtschaft befindet sich auch hinsichtlich der Vermeidung von biotischen, d.h. von Organismen verursachten Schäden am Wald und an Forstprodukten in einer prekären Situation. Die vermeintliche Gewißheit, etwaigen Schadrisiken durch die Anwendung chemischer Pestizide mühelos begegnen zu können, bestärkte sie in der Vergangenheit in ihrem einseitigen Wirtschaftlichkeitsdenken und verleitete sie zur weiteren Überschreitung der vorgegebenen ökologischen Grenzen einer risikoarmen Waldbewirtschaftung. Heute haben sich die Voraussetzungen in mehrfacher Weise grundsätzlich geändert: Die Realisierung der ursprünglich in Betracht gezogenen, kurativen Schutzkonzepte wäre zwar notwendiger als vorausgesehen, jedoch können diese aus umwelthygienischen Gründen von der Öffentlichkeit nicht mehr akzeptiert werden.

In diesem Dilemma wird deutlich, wie wenig oder wie wenig effizient die Forstschutzforschung in den vergangenen Jahrzehnten zur Entwicklung ökologisch unbedenklicher Forstschutzverfahren beitragen konnte. Die Gründe hiefür sind vielfältig, doch zählt zu ihnen nicht zuletzt auch der Umstand, daß waldbiologischer Forschung im allgemeinen und Forstschutzforschung mit ihren grundlegenden und angewandten Aspekten im besonderen in der Vergangenheit kein forst- und volkswirtschaftlicher Stellenwert beigemessen wurde.

Betrachtet man wie im vorliegenden Bericht das verfügbare Repertoire an Forstschutzverfahren, so lassen sich vier Kategorien unterscheiden: Präventivkonzepte waldbaulicher Art, technische und biotechnische Schutz- und Bekämpfungsverfahren aus der Ära vor Einführung des chemischen Forstschutzes, chemische Präventiv- und Kurativverfahren mit teils längst überholten toxischen Wirkstoffen, und schließlich zeitgemäß anmutende Strategien, die jedoch entweder nur in Sonderfällen anwendbar, oder noch nicht ausgereift bzw. überhaupt erst theoretisch existent sind.

Den Forstbehörden und vielen Forstbetrieben kann heute bescheinigt werden, daß sie sich von der Praxis des chemischen Forstschutzes mit Nachdruck distanzieren und – mangels neuer Alternativverfahren – die Anwendung althergebrachter Methoden fördern bzw. praktizieren, obwohl dies oft mit technischem und finanziellem Mehraufwand verbunden ist. In vielen Fällen sind Forstbetriebe und Waldbesitzer heute bereit, Waldschäden durch Insekten ohne den Versuch umweltbedenklicher Gegenmaßnahmen hinzunehmen, was in der Vergangenheit sicher nicht der Fall war. Gewiß gibt es immer noch Uneinsichtige, die unbeschadet aller ökologischen Überlegungen ihr Heil im chemischen Forstschutz zu finden glauben. Sieht man von diesen einmal ab, so muß man doch das immer wieder auftretende Problem der bestandesvernichtenden, großflächigen Schädlingsvermehrungen im Auge behalten, denen man oft auch aus ökologischen Gründen nicht freien Lauf lassen darf. Gerade die letzten fünfzehn Jahre boten einige eindrucksvolle Beispiele dieser Art in verschiedenen europäischen Ländern. Mit Wiederholungen wird man auch in Zukunft zu rechnen haben.

Eine unverzichtbare Strategie zur Verminderung dieser groß– und kleinmaßstäblichen Schadrisiken durch Organismen (zu denen auch die Schalenwildarten zählen) bildet die Prävention durch stabilitätsorientierte Waldbewirtschaftungskonzepte. Ihre Grundzüge sind längst bekannt; ihre Realisierung müßte jedoch in noch viel weitreichenderem Maße in die Praxis umgesetzt werden, als dies heute bereits geschieht. Notfalls sollten straffere legistische Maßnahmen diesen Vorgang beschleunigen.

Ein Umbruch in der forstwirtschaftlichen Denkweise, wie er unter dem Eindruck der schweren Waldkrise sich anzubahnen scheint, würde allerdings erst nach und nach, d.h. über einen Zeitraum von Jahrzehnten hinweg die Risikosituation wirksam entschärfen können. Deshalb und wegen des unvermeidlichen Restrisikos verbleibt die Notwendigkeit, umwelthygienisch unbedenkliche Kontroll– und Kurativmethoden gegen forstliche Schadorganismen zur Hand zu haben. Kein zurzeit verfügbarer und ausreichend wirksamer Wirkstoff ist hinreichend unbedenklich. Deshalb bleibt es eine dringende Aufgabe der forstlichen Forschung, bereits im Ansatz bestehende Konzepte des biotechnischen, biologischen und ökologischen Forstschutzes auszubauen und neue Wege der Schadensverhütung zu entwickeln. Die Unterstützung durch die Öffentlichkeit ist hiebei unerläßlich. In diesem Sinne möge die kritische Analyse des Status quo, der der vorliegende Bericht gewidmet ist, als ein erster Schritt in die richtige Richtung gewertet werden.

Univ. Prof. Erwin Führer

Institut für Forstentomologie,
Forstpathologie und Forstschutz,
Universität für Bodenkultur

INHALTSVERZEICHNIS

Zu dieser Studie

Die Studie ist als Standortfindung gedacht. Das Hauptaugenmerk ist daher auf folgende ökologische und legistische Fragestellungen gerichtet:

- Ist der Einsatz von Pflanzenschutzmitteln in der Forstwirtschaft grundsätzlich problematisch? Gibt es ausreichend Information über deren Einsatz und Alternativen?
- Welche Argumente begründen den Wunsch nach einem Verzicht auf Pflanzenschutzmittel?
- Wie hat der Gesetzgeber auf die allgemein zunehmende Belastung der Ökosysteme durch Pestizide reagiert?
- In welchem gesetzlichen Rahmen bewegt sich die Anwendung von Pflanzenschutzmitteln in der Forstwirtschaft?
- Die Studie ist somit ***keine*** (Gebrauchs–)Anleitung zum Einsatz von Pflanzenschutzmitteln und daher im Bereich der konkreten Anwendung und detaillierter Verfahren kurz aber ausführlich genug gehalten, um ein abgerundetes Bild für ein Verständnis der Gesamtproblematik zu vermitteln.

PFLANZENSCHUTZMITTELEINSATZ IN DER FORSTWIRTSCHAFT (Zusammenfassung)

Ziel der vorliegenden Studie ist es, die Anwendung von Pflanzenschutzmitteln in der Forstwirtschaft und sich daraus ergebende Probleme einer kritischen Betrachtung zu unterziehen und Möglichkeiten zur Vermeidung chemischer Maßnahmen aufzuzeigen.

Diese Arbeit soll nicht zuletzt als *Entscheidungshilfe bei der Wahl geeigneter Forstschutzverfahren* dienen. Darüber hinaus werden auch Hinweise auf die besonderen Gefahren, die sich im Umgang mit Pflanzenschutzmitteln ergeben können (Risikosätze) und Sicherheitsratschläge zu ihrer sachgemäßen Anwendung gegeben.

Der erste Teil der vorliegenden Arbeit (*Grundlagen zum Pflanzenschutzmitteleinsatz in der Forstwirtschaft*) beinhaltet eine Auseinandersetzung humantoxikologischer und ökologischer Folgen der Pestizidanwendung in der Forstwirtschaft sowie die rechtlichen Grundlagen für den Verkauf und die Anwendung von Pflanzenschutzmitteln in Österreich.

In den folgendenTeilen *(Herbizide, Insektizide, Rodentizide, Wildabwehrmittel, Fungizide*) werden die in der Forstwirtschaft zum Einsatz kommenden Pestizide getrennt nach Einsatzbereichen, behandelt. Dabei stehen *chemische Eigenschaften, Toxizität* und *Umweltverhalten forstlich relevanter Mittel* zur Diskussion, wobei ökosystemschonendere Möglichkeiten zur Vermeidung bzw. Begrenzung des Pestizideinsatzes aufgezeigt werden.

Unvorhersehbare ökologische Folgen trotz geringer Einsatzmengen

In der Umweltdiskussion wird der Pestizideinsatz im Wald meist gar nicht als eigenständiger Problemkreis wahrgenommen, da die Aufwandmengen verglichen mit dem Pestizideinsatz in der Landwirtschaft marginal erscheinen (ca. 1 – 2 % der in Österreich jährlich zur Anwendung kommenden Pestizide werden im Forst eingesetzt, Tendenz abnehmend). Demzufolge existieren auch keine gesonderten Statistiken über den Verbrauch von Pestiziden in der Forstwirtschaft, was die Erfassung dieses Problembereiches erschwert, abgesehen von den kaum prognostizierbaren Langzeitwirkungen und mikroökologischen Effekten.

In landwirtschaftlichen Kulturen mag es für eine integrierte Bekämpfung von Schädlingen vielleicht ausreichen, bestimmte Nutzorganismen möglichst wenig zu schädigen. Im Ökosystem Wald müssen jedoch immer die Auswirkungen auf die viel komplexere Art der Biozönose Berücksichtung finden, mit den oft unvermeidlichen Konsequenzen einer Veränderung des Artengefüges, ganz zu schweigen von der Bedeutung des Waldes für die Bereitstellung von qualitativ hochwertigem Trinkwasser.

Prophylaxe statt Therapie – naturnahe Waldwirtschaft kann Pestizideinsatz erübrigen

Immer deutlicher – auch im Zusammenhang mit dem Waldsterben zeigt sich, daß unsere Wälder langfristig nur durch eine naturnahe, stabilitätsorientierte Waldbewirtschaftung zu erhalten sind. Dennoch geht auch im Waldbau und Forstschutz der Trend in Richtung einer Vorbeugung gegen etwaige Schadrisiken durch eine Verminderung der Anfälligkeit der Bestände (standortsgemäße Baumartenwahl unter Bedachtnahme auf die natürliche Waldgesellschaft, kleinflächige Verjüngungsverfahren) und eine routinemäßige Kontrolle und Niedrighaltung der Populationsdichte von Schädlingen.

Der "Zwang" Herbizide in der Forstwirtschaft einzusetzen, hat seine Wurzeln sehr häufig in waldbaulichen Fehlern bzw. Unterlassungen. Schematisierte Waldbewirtschaftung erfordert oft einen Pflanzenschutzmitteleinsatz aus betriebswirtschaftlichen Gründen. Dabei könnte besonders durch die Wahl des entsprechenden Verjüngungsverfahrens, durch Vemeidung übermäßig vergraster und verkrauteter großer Kahlschlagflächen, der Herbizideinsatz verhindert werden. Das kann durch langsames kleinstandörtlich differenziertes Vorgehen zur Einleitung der Verjüngung erreicht werden.

Durch den Aufbau leistungsfähiger, ökologisch und strukturell stabiler Bestandesformen läßt sich das Risiko vorzeitiger Bestandesauflösung durch Windwurf, Schneebruch oder Bestandeszerfall durch Trockenperioden und damit verbundenen sekundären Pilz– oder Insektenbefalls wesentlich einschränken und damit auch der Herbizideinsatz zur möglichst raschen Deckung der Schlagfläche vermeiden.

Die waldbaulichen Präventivkonzepte sind langfristig konzipiert. Kurzfristige Erfolge sind mit Hilfe des Waldbaues nur schwer zu erzielen, wahrscheinlich mit ein Grund, warum darauf häufig verzichtet wird.

Forstschutzkundliche Präventivkonzepte zur Vermeidung des Insektizideinsatzes beinhalten die Regulierung der Populationsdichte der "Schadinsekten" durch die Förderung ihrer natürlichen Feinde, was nur durch die Schaffung einer strukturellen Diversität der Waldbestände und geeigneter ökologischer Nischen zur Erhaltung der biologischen Vielfalt zu verwirklichen ist.

Um dieses Ziel zu erreichen, sollte auch vom Herbizideinsatz abgesehen werden, da meist nicht nur die unerwünschten Konkurrenzpflanzen vernichtet werden, sondern auch der Lebensraum und das Nahrungsangebot vieler Nützlinge.

Breitenwirkung von Pestiziden

Da es keine chemischen Bekämpfungsmaßnahmen gibt, die selektiv und ohne Nebenwirkungen auf die gesamte Biozönose wirken, sollten diese im Wald nur in Notfällen *als letzter Ausweg in Erwägung gezogen werden* (wenn z. B. der Kahlfraß ganzer Bestände droht und deren Erhalt gefährdet ist oder die Bestände Naturkatastrophen [z. B. Windwurf] zum Opfer fallen). Aber auch dann sollte bei der Wahl des anzuwendenden Wirkstoffes Augenmerk auf dessen *Umweltverträglichkeit* gelegt werden (so wäre z. B. Diflubenzuron unter unbedingter Beachtung des geeigneten Ausbringungszeitpunktes eine mögliche Alternative).

Hohes ökologisches Verantwortungsbewußtsein unverzichtbar

Ein ökologisch verantwortungsbewußter Einsatz von Insektiziden orientiert sich an den "kritischen Zahlen" der Schädlingsdichte. Die "kritischen Zahlen" sind jener Schädlingsbesatz, bei dem der betroffene Waldbestand noch überleben kann. Erwartungsgemäß liegen die "kritischen Zahlen" über den wirtschaftlichen Schadensschwellen.

Humantoxikologische Aspekte

Einige der in der Arbeit namentlich genannten Wirkstoffe können nachweislich eine karzinogene, teratogene und/oder embryotoxische Wirkung entfalten und/oder sich nachteilig auf die Fruchtbarkeit und das Immunsystem, auswirken.

Für die toxikologische Beurteilung von Pestiziden werden meist tierexperimentelle Modelle herangezogen. Da die verschiedenen Tierarten unterschiedliche Empfindlichkeiten aufweisen, sind oft Zweifel hinsichtlich der Übertragbarkeit auf den Menschen bzw. bei der Festsetzung des ADI–Wertes (höchste duldbare Tagesdosis für den Menschen) geblieben.

Gesetzeslage

Durch die bis zum 31. Juli 1991 gültige Gesetzeslage konnten nachteilige Auswirkungen durch den Einsatz von Pflanzenschutzmitteln auf die Umwelt gesetzlich nicht verhindert werden. Eine bedeutende Verringerung dieser Umweltrisken wird durch das im Juli 1990 vom Nationalrat beschlossene neue Pflanzenschutzmittelgesetz (BGBl.Nr. 476/1990), welches am 1. August 1991 in Kraft getreten ist, erreicht.

Die bis dahin unbeschränkte Zulassung von Pflanzenschutzmitteln wird auf zehn Jahre begrenzt.

Wildabwehrmittel, die die mengenmäßig bedeutendste chemische Forstschutzmaßnahme darstellen, wurden mit Inkrafttreten dieses Gesetzes zulassungspflichtig.

Seit dem Inkrafttreten des Chemikaliengesetzes (BGBl.Nr. 326/1987) am 1. Februar 1989 bestehen aufgrund § 14 ChemG Möglichkeiten, durch Verordnung ein Verbot bestimmter gefährlicher Stoffe in Pflanzenschutzmitteln zu erlassen.

Durch die Verordnung des Bundesministeriums f. Umwelt, Jugend und Familie über ein Verbot bestimmter gefährlicher Stoffe in Pflanzenschutzmitteln, BGBl. Nr. 97/1992, werden in Österreich erstmals eine Reihe von Pflanzenschutzmittelwirkstoffen, die ein hohes Gefährdungspotential für die menschliche Gesundheit und die Umwelt haben, verboten bzw. beschränkt.

Von diesem Verbot bzw. streng begrenzten Verwendungsbereichen sind auch einige in dieser Arbeit namentlich genannte Wirkstoffe von Pflanzenschutzmitteln betroffen:

		Verbot ab
Herbizide:		
	Atrazin	1.1.94
	Amitrol	20.2.92
	Dalapon	20.2.92
	2,4,5–T	20.2.92
	TCA	20.2.92
Insektizide:		
	Carbaryl	1.1.93
	Lindan	20.2.92
Wildabwehrmittel:		
	HCH	20.2.92

Dieses Verbot gilt sinngemäß für Pflanzenschutzmittel, die einen dieser Wirkstoffe enthalten.

Zum gegenwärtigen Zeitpunkt ist noch unklar, welche dieser in Österreich verbotenen Pflanzenschutzmittelwirkstoffe in die Positivliste gem. Artikel 8 Abs 2 der Richtlinie 91/414/EWG über das Inverkehrbringen von Pflanzenschutzmitteln, die von der EG–Kommission in Zusammenarbeit mit den Mitgliedsstaaten erarbeitet wird, aufgenommen werden, wodurch diese Mittel in Österreich eventuell wieder zur Diskussion stehen könnten[1].

Diese toxikologisch und ökotoxikologisch bedenklichen Stoffe werden daher und aufgrund ihrer schwer absehbaren Langzeitwirkungen in dieser Studie berücksichtigt.

Die meisten chlorierten Kohlenwasserstoffe insbesondere die hochchlorierten (u.a. HCH, Lindan) zeichnen sich durch große Persistenz, Bioakkumulation, Lipophilie und damit Anreicherung in der Nahrungskette und im Fettgewebe aus.

Die Wirkstoffe Amitrol, Dalapon, 2,4,5–T, TCA gelten als im Boden mobil und können dadurch zu einer Verunreinigung des Grund– bzw. des daraus gewonnenen Trinkwassers führen.

Eine (Selbst)verpflichtung der Forstwirtschaft zur Meldung eines Einsatzes von Pflanzenschutzmitteln an die Behörde unter Angabe des Mittels, der Menge und des Ortes könnte wesentlich zur Ursachenfindung von Umweltbelastungen beitragen.

Im **Anhang** der Studie wird ein Überblick der in Österreich für die Forstwirtschaft zugelassenen Pestzide gegeben. (Quelle: Amtliches Pflanzenschutzmittelverzeichnis der Bundesanstalt für Pflanzenschutz, Wien, Stand 31. Oktober 1992).

Eine beigefügte Liste der R–Sätze (Hinweise auf die besonderen Gefahren) und S–Sätze (Sicherheitsratschläge) soll dem Anwender den Umgang mit den gesetzlichen Vorschriften der Anwendung von Pflanzenschutzmitteln (Anhang B Chemikalienverordnung, BGBl. Nr. 208/1989) näherbringen.

Eine Liste der Firmen mit einschlägiger Genehmigung bietet Hilfestellung für eine ordnungsgemäße Entsorgung von Altbeständen von Pflanzenschutzmitteln.

1 Für die 1. Stufe des Arbeitprogramms stehen 90 Wirkstoffe zur Beurteilung an (darunter sind u.a. folgende forstlich relevante Wirkstoffe: synthetische Pyrethroide, Mancozeb, Metiram, Endosulfan, Glyphosate, Atrazin).

On this study

This study aims at determining the position of pesticide use in forestry in Austria. The main emphasis is placed on ecological and legal questions:

- Is the use of pesticides in forestry in general problematic? Is there enough information on their use and on possiblealternatives?
- Which arguments are being raised in favour of refraining from pesticides?
- Which legislative measures have been taken in Austria to counterbalance the generally increasing pesticide load of ecosystems?
- What does the legal framework regulating the use of pesticides in forestry look like?
- The present study is not supposed to be a manual but nevertheless contains concise information on pesticide use and relevant application processes, thus allowing the reader to understand the complex nature of problems arising from it.

PLANT PROTECTIVE CHEMICALS IN FORESTRY (Summary)

The aim of the present study is to examine critically the use of pesticides in forestry and the resulting problems. Further, the study points out possibilities for dispensing with chemical treatments altogether.

This work is intended to assist those deciding upon suitable forest protection procedures. There are also comments on the particular dangers arising from the use of pesticides (R–Sätze) and safety advice as regards their proper application.

The first part of the present study contains both a discussion of the humanotoxicological and ecological consequences of pesticide applications in forestry as well as the legal basis for the sale and use of pesticides in Austria.

The following parts (*herbicides, insecticides, rodenticides, game deterrents, fungicides*) treat the use of pesticides according to their respective area of application . Discussed here are chemical properties, toxicity, and the environmental compatibility of the pesticides in question, including demonstrations of environmentally sound ways to avoid or restrict the use of pesticides.

Unpredictable Ecological Consequences despite the modest amount of pesticides used

In environmental discussions about the environment, the application of pesticides in forests is not usually regarded as a problem in itself because, compared with the use of pesticides in agriculture, the amounts used appear insignificant (about 1 – 2 % of pesticides in Austria are used in forestry). Consequently, there are no separate statistics on the use of pesticides in forestry, which complicates the understanding of this problem area, aside from the long–term effects and microecological effects which almost defy prognosis.

In case of an integrated pest control found in cultivated areas, minimal damage to certain useful organisms may perhaps be acceptable. However, in forest ecosystems consideration must be taken of the effects of pesticides upon the much more complex functioning of biocenoses, including often unavoidable consequences of a change in species diversity, not to mention the significance of the forest in producing of high quality sources of drinking water.

Prevention instead of cure – naturalistic forest management methods can render pesticides superfluous

As it has been realized, among other things on account of the phenomenon of forest decline, that our forests can only be sustained in the long–term by a naturalistic, stability–oriented forest management.

In silviculture and forest protection there is a trend towards a prevention of possible damage risks by reducing the susceptibility of the forest stand (selection of tree species at a given location considering the natural forest community, small–scale forms of regeneration) and by a routine control and suppression of pest population density.

The "compulsion" to use pesticides in forestry often has its roots in silvicultural mistakes or commissions. Often uniform forest management methods require the use of pesticides for economic reasons. Here, herbicides could be avoided by selecting an adapted form of regeneration by avoiding large clear cut areas which are excessively grassy and weed–ridden. This can be achieved by a slow, differentiated procedure to initiate regeneration on a restricted scale.

By building up ecologically and structurally stable forest stands it is possible to drastically reduce the risk of premature stand disintegration by wind and snow damage or by stand decay during dry periods resulting in secondary fungal and insect infestations. In this way, it is possible to eliminate the use of herbicides in order to enable a fast coverage of the felling area.

Silvicultural prevention concepts are long–term in nature. Short–term success is thus difficult to achieve, probably one reason why silvicultural measures are frequently rejected.

Forest protection concepts to avoid the use of insecticides include the regulation of "pest" population density by encouraging the spread of their natural enemies. This can only be achieved by creating a structural diversity in the forest stands and suitable ecological niches to maintain the biological diversity.

In order to achieve this goal the use of herbicides should also be avoided since this usually destroys not only the unwanted competing plants but also the living space and food supply of many useful organisms.

Global Impact of Pesticides

Since there are no chemical control measures which act selectively and without side effects on the entire biocenoses, the use of such agents in forests should only be considered as a last resort in emergencies (for example, when defoliation by insects threatens entire stands and their preservation is endangered or when the stand falls victim to natural disasters [e.g. wind damage]). But even here, the environmental compatibility of the chemical agent to be used should be considered (thus, for example, under strict observation of the suitable time for application, diflubenzurone would be a possible alternative).

Greater Awareness of Ecological Responsibilities is Indispensable

A use of insecticides that is more sensitive to ecological responsibilities has as its point of reference the "critical level" of pest density. "Critical level" refers to that stock of pests which the forest stand can support and still survive. As is to be expected, the "critial numbers" lie above the economical damage threshold.

Humanotoxicological Aspects

A number of the agents named in the study have proven latent carcinogenic, teratogenic and/or embryotoxical effects and or they have a detrimental effect upon fertility and the immune system.

The toxicological evaluation of pesticides is usually based on animal experiments. However, since different animal species display different sensitivities, doubts remain as to the validitiy for human beings of the established ADI–value (highest tolerable daily dose for human beings).

Legal Situation

According to the pertinent legislation which was valid until 31 July 1991, it was not possible to legally prevent the detrimental effects on the environment which result from the use of pesticides. However, a significant reduction of these environmental risks has been achieved by the new Plant Protective Chemicals Act (BGBl. No. 476/1990), agreed by the National Council in July 1990, which came into force on 1 August 1991.

The until now unlimited authorization to use pesticides is now restricted to ten years.

Game deterrents, which represent the most important chemical forest protection measure in terms of quantity used, now require authorization following the law's entry into force.

Since the entry into force of the Chemicals Act (BGBl. No. 326/1987) on 1 February 1989, based on § 14 ChemG of the Chemicals Act it is possible, to ban specific hazardous substances in pesticides.

A ban on certain hazardous substances in pesticides (BGBl. No. 97/1992) issued by the Federal Ministry for Environment, Youth and Family, for the first time prohibited or restriced a number of pesticides which are highly dangerous for human health and the environment.

A number of the pesticides referred to in this report are either affected by this ban or strictly limited in their application.

		banned from
herbicides:		
	atrazine	1.1.94
	amitrol	20.2.92
	dalapon	20.2.92
	2,4,5–T	20.2.92
	TCA	20.2.92
insecticides:		
	carbaryl	1.1.93
	lindane	20.2.92
game deterrents:		
	HCH	20.2.92

It still remains to be decided which of the pesticides banned in Austria will be included in the "positive list" which is being drafted by the EC Commission jointly with the EC member states. Pesticides included in the list will have to be submitted to renewed discussion in Austria[1].

In this study these substances which might be harmful from the toxicological and ecotoxicological viewpoint are considered because of their long–term effects, which are difficult to evaluate.

Most chlorinated hydrocarbons, especially the highly chlorinated ones (including HCH, lindane) are characterised by high persistence, bioaccumulation, lipophilia and thus by accumulation in the food chain and in fatty tissues.

The agents amitrol, atrazine, dalapon, 2,4,5–T and TCA exhibit mobility in soil and can thus contaminate the groundwater or the thereof derived drinking water.

For the first step of the working programme 90 substances are considered for examination (among these inter alia the following substances relevant for forestry: synthetic pyrethroides, mancozeb, metirame, endosulfane, glyphosate, atrazine).

A voluntary commitment of the forestry sector to inform the public authorities on the utilization of pesticides, citing the agent used, the amount applied and the location could contribute to finding the reasons of environmental pollution.

An appendix to the study provides an overview of pesticides authorized for use in forestry in Austria. (Source: Official Plant Pesticide Register of the Federal Institute for Pest Control, Vienna, referring to the situation on 31 October 1991).

An appended list of details on specfic dangers (R–Sätze) and security tips (S–Sätze) is intended to help users in dealing with the legal requirements concerning the use of pesticides (Appendix B chemical ordinance BGBl. No. 208/1989).

There is also a list of authorized companies charged with proper disposal of pesticides residues.

EINFÜHRUNG: PFLANZENSCHUTZ- UND SCHÄDLINGS-BEKÄMPFUNGSMITTEL IN DER FORSTWIRTSCHAFT

Die Verwendung von Pflanzenschutzmitteln in der Forstwirtschaft wird sehr oft als marginales Problem betrachtet, betragen doch die forstwirtschaftlich eingesetzten Planzenschutzmittelmengen nur einen Bruchteil der landwirtschaftlichen. Quantitativ betrachtet ist der Pflanzenschutzmitteleinsatz in der Forstwirtschaft also eher gering. Gleichzeitig veränderten sich auch die Wirkstoffe der eingesetzten Pflanzenschutzmittel wie beispielsweise auch bei den Insektiziden."Die Zeiten des Einsatzes derartiger Giftstoffe wie vor allem DDT, sind zum Segen der Natur vorüber" (HIETEL, 1993).

Seitens der Forstwirtschaft gibt es eine Reihe, vor allem waldbaulicher Maßnahmen, um den Pflanzenschutzmitteleinsatz wesentlich zu senken (siehe auch BUNDESAMT FÜR UMWELT, WALD UND LANDSCHAFT, 1990).

Ähnlich wie in der Landwirtschaft müssen auch in der Forstwirtschaft betriebs–, arbeits– und marktwirtschaftliche Aspekte als ökonomische Antriebskräfte für den Einsatz von Pflanzenschutzmitteln genannt werden. Durch waldbauliche Fehlleistungen, aber auch durch Naturkatastrophen entsteht oft die Notwendigkeit, unerwünschtem Pflanzenbewuchs bzw. auftretenden Schadinsekten entgegenzuwirken.

Pflanzenschutz– bzw. Schädlingsbekämpfungsmittel werden als Kombinationen von einem oder mehreren Wirkstoffen mit Lösungsmitteln, Füllstoffen usw. in den Handel gebracht.

Je nach ihrem Bekämpfungszweck können Pflanzenschutzmittel folgendermaßen unterteilt werden:

- Insektizide: gegen Insekten
- Fungizide: gegen pilzliche Erkrankungen
- Herbizide: gegen unerwünschte Konkurrenzpflanzen
- Nematizide: gegen Fadenwürmer
- Rodentizide: gegen Nagetiere
- Molluskizide: gegen Schnecken
- Akarizide: gegen Milben

Bis in die jüngste Vergangenheit waren die rechtlichen Grundlagen für die Anwendung von Pflanzenschutzmitteln in Österreich aus der Sicht des Umweltschutzes unzureichend.

Eine deutliche Verbesserung in diesem Bereich wird durch das neue Pflanzenschutzmittelgesetz (BGBl.Nr. 476/1990), welches am 1. August 1991 in Kraft getreten ist, erreicht.

Seit dem Inkrafttreten des Chemikaliengesetzes (BGBl.Nr. 326/1987) am 1. Februar 1989 bestehen überdies aufgrund § 14 ChemG Möglichkeiten, durch Verordnung ein Verbot bestimmter gefährlicher Stoffe in Pflanzenschutzmitteln zu erlassen.

Durch die Verordnung des Bundesministeriums f. Umwelt, Jugend und Familie über ein Verbot bestimmter gefährlicher Stoffe in Pflanzenschutzmitteln, BGBl. Nr. 97/1992, werden in Österreich erstmals eine Reihe von Pflanzenschutzmittelwirkstoffen , die ein hohes Gefährdungspotential für die menschliche Gesundheit und die Umwelt haben, verboten bzw. beschränkt.

Von diesem Verbot bzw. streng begrenzten Anwendungsbereichen sind auch einige in dieser Arbeit namentlich genannte Wirkstoffe von Pflanzenschutzmitteln betroffen:

Herbizide:

Atrazin
Amitrol (Verwendungsbeschränkung auf Obst– und Weinbaufeuchtlagen)
Dalapon
2,4,5–T
TCA

Insektizide:

Carbaryl
Lindan

Wildabwehrmittel:

HCH

Diese toxikologisch und ökotoxikologisch bedenklichen Stoffe werden aufgrund ihrer schwer absehbaren Langzeitwirkungen in dieser Studie berücksichtigt.

Die meisten chlorierten Kohlenwasserstoffe insbesondere die hochchlorierten (u.a. HCH, Lindan) zeichnen sich durch große Persistenz, Bioakkumulation, Lipophilie und damit Anreicherung in der Nahrungskette und im Fettgewebe aus.

Die Wirkstoffe Amitrol, Dalapon, 2,4,5–T, TCA gelten als im Boden mobil und können dadurch zu einer Verunreinigung des Grund– bzw. des daraus gewonnenen Trinkwassers führen.

Diese Pflanzenschutzmittelwirkstoffe durften noch bis zum 19.2.1992 bzw. 31.12.1992 verwendet werden (ausgenommen Atrazin; bis zum 31.12.1993). Einige für den Forst zugelassene Pflanzenschutzmittel wurden schon früher vom Markt genommen (=entregistriert).

ÖKOLOGISCHE FOLGEN DER PFLANZENSCHUTZMITTELANWENDUNG

Die durch Pflanzenschutzmittel hervorgerufenen negativen Effekte auf die menschliche Gesundheit sowie auf Ökosysteme zeigen sich oft erst geraume Zeit nach ihrer Anwendung, da das Wissen über Langzeitwirkungen und mikroökologische Wirkungen/Effekte gering ist.

Neben den Gefahren direkter toxischer Einwirkungen auf Mensch, Tier und Pflanze treten auch indirekte Folgen auf, wie z. B.:

- Verschlechterung der Boden– und Wasserqualität
- Auftreten von Resistenzerscheinungen bei Schädlingen
- Anreicherung von persistenten Pflanzenschutzmitteln in den Nahrungsketten
- Wachstums– und Fortpflanzungsstörungen von Nützlingen
- Verringerung der Artenvielfalt und Störung der Lebensgemeinschaften

Kontamination des Bodens

Die in der Forstwirtschaft angewendeten Planzenschutzmittel gelangen auf drei Wegen in den Boden:

- direkt und absichtlich durch Bodenausbringung von Pflanzenschutzmitteln
- indirekt nach oberirdischer Anwendung durch Abtropfen und Regenabwaschung
- durch Laubfall

Das weitere Verhalten der Pflanzenschutzmittel im Boden hängt stark von deren Persistenz ab (siehe Teil HERBIZIDE, "Abbau von Herbiziden in Böden").

Schädigungen von Pflanzen

Um Schäden an Kulturpflanzen bzw. erwünschten Gräsern und Kräutern zu vermeiden, ist die gezielte Anwendung des richtigen Mittels unter Beachtung der vorgeschriebenen Termine unbedingt erforderlich. Dies wird in der Praxis u.a. durch unerwartete Witterungsänderungen oder mangelnde Ausbildung der Pflanzenschutzmittelanwender immer wieder vereitelt. So entstehen Gefahren durch Überdosierungen und Überlappung von Spritzbahnen.

Die restlose Beseitigung der Begleitflora auf Kulturflächen kann dazu führen, daß sich schädliche Wurzelfresser erst dann auf die Kulturpflanzen konzentrieren, nachdem die Unkräuter vernichtet worden sind.

Weiters ist nicht auszuschließen, daß sich die nach dem Herbizideinsatz einstellende Vegetation ebenfalls verdämmend auf die Kulturpflanzen auswirkt.

Auswirkungen auf die Tierwelt

Pflanzenschutzmittel wirken meistens nicht selektiv, sie vernichten nicht nur schädliche, sondern auch nützliche Lebewesen. Die intensive Schädlingsbekämpfung führt häufig zur Selektion, als deren Folge resistente Tiere überleben. Nach METCALF (1980) sind bereits allein bei Insekten und Milben über 400 Arten gegen wenigstens ein Insektizid bzw. Akarizid resistent.

Besondere Bedeutung kommt der Bienengefährlichkeit von Pflanzenschutzmitteln zu. Diese müssen daher vor ihrer Zulassung auf die Bienengefährlichkeit geprüft und das Ergebnis auf der Verpackung vermerkt werden.

Bienenverluste können aber auch durch Fehlanwendungen oder Verwehungen auftreten. Besonders die Unkenntnis oder Nichtbeachtung der vorgeschriebenen höchstzulässigen Konzentrationen führen dazu, daß nicht bienengefährlich eingestufte Präparate zu Schäden führen. Verschärft wird diese Problematik noch durch indirekte Einwirkungen, wie etwa die Vernichtung nektar– und pollenspendender Unkräuter durch Herbizide.

Von verschiedenen Interessengruppen, z. B. Naturliebhabern oder Jägern, wird immer wieder der Verdacht geäußert, daß die in der Land– und Forstwirtschaft verwendeten Pflanzenschutzmittel bedeutende Wildverluste verursachen. Vertreter der Industrie sowie der Land– und Forstwirtschaft verweisen hingegen, außer bei Rebhuhn und Hase, auf steigende Jagdstrecken.

Für den Rückgang verschiedener Wildtierarten spielt neben der Vergrößung und Homogenisierung der Ackeranbauflächen vor allem der Pflanzenschutzmitteleinsatz in der Landwirtschaft eine entscheidende Rolle.

Bei der Beurteilung der Unschädlichkeit oder Giftigkeit eines Pflanzenschutzmittels für Tiere unterscheidet man zwischen direkter und indirekter Schädigung. Bei der direkten Toxizität wird weiter differenziert zwischen einer akuten und chronischen Schadwirkung.

Bei Pflanzenschutzmitteln kommt der **chronischen Toxizität** im allgemeinen eine höhere Bedeutung zu als der akuten. Um die "chronische Unschädlichkeit" eines Pflanzenschutzmittels nachzuweisen, wird von der Zulassungsbehörde verlangt, daß an zwei Tierarten (Ratte, Maus) chronische Prüfungen durchgeführt werden. Besonderes Augenmerk sollte bei Untersuchungen der chronischen Toxizität auf die Einflüsse von Pflanzenschutzmitteln auf die Magen–(Pansen–) und Darmflora gelegt werden, da die Keime dieser Mikroflora gegenüber Pflanzenschutzmitteln empfindlich sind. Die ungestörte Funktion dieser Mikroorganismen ist für die Verdauung des Pflanzenfressers unbedingt erforderlich.

Eindeutige Schadwirkungen durch Pflanzenschutzmittel ergeben sich hinsichtlich der **Zusammensetzung des Äsungsangebotes**. Durch Herbizide kann sich die chemische Zusammensetzung der Pflanzen verändern, so z. B. der Zuckergehalt durch Präparate auf 2,4–D–Basis. Auch der Kaliumnitrat– und Blausäuregehalt von Pflanzen kann durch 2,4–D erhöht werden. Besondere Bedeutung kommt der Wirkung der Herbizide aufgrund der durch sie hervorgerufenen Pflanzenbestandsänderungen und Verminderung des Äsungsangebotes zu.

Konsequente Naturverjüngung und der Verzicht auf jeglichen Herbizideinsatz wären notwendig, um bessere Heidelbeerdecken, Hochstaudenfluren und Farne zu bekommen, um dadurch bevorzugte Brutstätten, Aufzuchtgebiete und Nahrungsplätze für das Auerwild zu erhalten (ONDERSCHEKA, 1978).

Durch die in Österreich teilweise betriebene Intensivlandwirtschaft mit großflächigen Monokulturen sowie hohem Dünge– und Pflanzenschutzmitteleinsatz, ist der Lebensraum für einzelne Wildtierarten, z. B. Hase, Fasan, Rebhuhn, gravierend eingeschränkt worden.

Die Komplexität der Wirkung der Herbizide auf die freilebende Tierwelt zeigt, daß Eingriffe in ein Ökosystem nicht nur von lokaler Wirkung sind, sondern zumeist komplexere Reaktionen auslösen können.

Prüfung der Nebenwirkung von Forstschutzmitteln auf Nutzarthropoden

Aus der Beschränkung der Anwendung chemischer Pflanzenschutzmittel ergibt sich die Notwendigkeit, die natürlichen Gegenspieler der Schädlinge der Kulturpflanzen, wie Räuber und Parasiten von Schädlingen, in den Kampf gegen die Schadorganismen miteinzubeziehen.

Um das zu verwirklichen, ist es von großer Wichtigkeit, daß die chemischen Pflanzenschutzmaßnahmen diese Nutzorganismen nicht schädigen. Deshalb ist die Kenntnis der Nebenwirkungen der Pflanzenschutzmittel auf Nutzinsekten sehr bedeutend.

In den vergangenen Jahren wurden vermehrt Untersuchungen über die Nebenwirkungen von Pflanzenschutzmitteln auf Nutzarthropoden durchgeführt, wobei sich im speziellen die Arbeitsgruppe "Pflanzenschutzmittel und Nutzorganismen" der Internationalen Organisation für Biologische Schädlingsbekämpfung (IOBC) verdient gemacht hat (ALTENKIRCH und BOGENSCHÜTZ, 1986; HASSAN, 1984).

Neben der bisher üblichen Feststellung der Mortalität wird die "ökologische Wirksamkeit des Testmittels" bestimmt, um auch subletale Effekte, die sich beispielsweise in einem Rückgang der Parasitierungsleistung bzw. der Vertilgerleistung von räuberischen Tieren ausdrücken, in die Betrachtung miteinzubeziehen.

Die zum gegenwärtigen Zeitpunkt angewendeten Prüfverfahren sind die Initialtoxizitätsprüfung und der Persistenztest.

Die Initialwirkung der Pflanzenschutzmittel wird im Labor geprüft, wobei die Nutzorganismen auf einen frischen, trockenen Pflanzenschutzmittelbelag gesetzt werden. Getestet wird lediglich die Kontaktwirkung des Mittels.

Mittel, die sich im Zuge dieses Testverfahrens als wenig schädlich erweisen, werden dem Persistenztest, der eine Kombination von Labor– und Freilandtest darstellt, nicht mehr unterzogen. Im Freiland wird das Pflanzenmaterial mit den praxisüblichen Geräten behandelt, die gespritzten Pflanzen werden dann im Freiland unter Dach oder in speziellen Klimaschränken aufgestellt, anschließend werden die alternden Spritzbeläge in bestimmten Abständen auf ihre Wirkung getestet. Im Gegensatz zur Initialtoxizitätsprüfung haben die Tiere die Möglichkeit, nicht kontaminierte Unterlagen aufzusuchen. In der Folge wird die Leistungsminderung behandelter Versuchstiere mit einer entsprechenden Anzahl unbehandelter Kontrolltiere bestimmt. In den Vergleich gehen die Nützlingsleistung, die Parasitierungsleistung, der Beuteertrag bei Räubern, die Fortpflanzungsleistung und die Mortalität der Versuchstiere ein.

Die Prüfergebnisse werden vereinfachend nach Wertstufen dargestellt (vgl. Tab. 1).

Bei Leistungsminderungen ab 50 % wird das Mittel anschließend in den Persistenztest übernommen.

1. Initialtoxizitätsprüfung
Leistungsminderung von:

W1 = unschädlich	< 50 %
W2 = schwach schädigend	50 – 79 %
W3 = mittelstark schädigend	80 – 99 %
W4 = stark schädigend	> 99 %

2. Persistenztest
Leistungsminderung zum Kontrolltermin:

P1 = kurz wirksam	nach 3 Tagen	< 50 %
P2 = schwach persistent	nach 10 Tagen	< 50 %
P3 = mäßig persistent	nach 30 Tagen	< 50 %
P4 = stark persistent	nach 30 Tagen	> 50 %

Tab. 1: Ergebnisse von Initialtoxizitätsprüfungen (Init.) und Persistenz–Test (Pers.):

Name	*Wirkstoff*	*Konz. der Lösung %*	*kleine Erzwespe (Trichogramma) Init. W*	*Pers. P*	*parasitische Schlupfwese Init. W*	*Pers. P*	*Tachine (Drino coccygomimus) Init. W*	*Pers. P*
FUNGIZIDE:								
POLYRAM–COMBI	*METIRAM*	*2,0*	*4*	*4*	*1*	*–*	*3*	
HERBIZIDE:								
GESATOP 50	*SIMAZIN*	*2,0*	*1*	*–*	*1*		*2*	
DALAPON–SPRITZ–PULVER SHELL	*DALAPON*	*3,3*	*1*	*–*	*1*		*1*	*–*
ROUNDUP	*GLYPHOSAT*	*3,3*	*4*	*1*	*1*		*4*	*1*
VELPAR	*HEXAZINON*	*1,0*	*1*	*–*	*1*		*2*	
SHELL MCPB	*MCPB–SALZ*	*6,0*	*2*		*1*		*2*	
INSEKTIZIDE:								
THIODAN 35 FLÜSSIG	*ENDOSULFAN*	*0,4*	*4*	*4*	*4*	*1*	*4*	*3*
DIPTEREX SL	*TRICHLORFON*	*0,6*	*4*	*4*	*4*		*4*	
NEXIT–STARK	*LINDAN*	*0,5*	*4*		*4*			*4*
DIMILIN 25 WP	*DIFLUBENZURON*	*0,2*	*1*	*–*	*1*	*–*	*1*	*–*
FOLIDOL–ÖL–SPRITZMITTEL	*PARATHION + MINERALÖL*	*0,5*	*4*	*4*	*4*			
RIPCORD 40	*CYPERMETHRIN*	*0,5*	*4*	*4*	*4*	*4*	*4*	

Quelle: ALTENKIRCH UND BOGENSCHÜTZ, 1986

Ergebnisse

Insektizide

Nach dem Initialtoxizitätstest sind alle geprüften Mittel, mit Ausnahme des Dimilins, der Stufe W 4 "stark schädigend" zuzuordnen.

Im Rahmen des Persistenztests konnte eruiert werden, daß besonders Trichogramma (Eiparasit) auf Pflanzenschutzmittel sehr empfindlich reagiert.

Andere Untersuchungen zeigen, daß Lindan, Endosulfan, Trichlorfon und Fenvalerate bedenklich hinsichtlich ihrer Wirkung auf Phygadenon sp. (Parasit von Fliegenpuppen) und Syrphus sp. (Blattlausräuber) zu beurteilen sind.

Tab. 2: Insektizide und fungizide Wirkstoffe und ihre Nebenwirkung auf Nützlinge

WIRKSTOFF	*NEBENWIRKUNG AUF NÜTZLINGE*				
	Schwebfliegen	*Marienkäfer*	*Trichogramma*	*Raubwanzen*	*Schlupfwespen*
Carbaryl		4	4	4	4
Cypermethrin		2 – 3		4	4
Deltamethrin	4	3 – 4		3	4
Diflubenzuron	1	2	1	2–3	1
Endosulfan	4	1–2	4	3–4	3–4
Fenvalerate	4	4	4	4	4
Lindan	4		3	4	3–4
Malathion	4	3		4	4
Parathion	4		4	4	4
Tetrachlorvinfos		3		4	3
Trichlorfon	4		3	4	4
Metiram				4	1–3
Zineb		1	1–4	1	1
Mancozeb		1	2–3	2	
Bacillus thuringiensis	2		1	1	1

Quelle: FISCHER–COLBRIE, 1987

Klassifizierung:

1 = schonend
2 = gering toxisch
3 = mittel toxisch
4 = stark toxisch

unterschiedliche Klassifizierung:
z. B. 1 – 4 = entweder verschiedene Empfindlichkeit der Entwicklungsstadien oder widersprüchliche Literaturangaben

Wirkstoffe, die ausnahmslos die Klassifizierung 4 = stark toxisch aufweisen:

Carbaryl
Fenvalerate
Parathion

Wirkstoffe, die viermal die Klassifizierung 4 (stark toxisch) und einmal die Klassifizierung 3 (mittel toxisch) aufweisen:

Cypermethrin
Lindan
Malathion
Trichlorfon

Günstig in bezug auf ihre Nebenwirkung auf Nützlinge konnte von den insektiziden Wirkstoffen lediglich Diflubenzuron sowie Bacillus thuringiensis beurteilt werden.

Untersuchte Familien

- **Familie Syrphidae (Schwebfliegen)**
  leben räuberisch in Blatt– und Schildlauskolonien, sind Vertilger von Blattwespenlarven und Schmetterlingsraupen.
- **Gattung Trichogramma (entomophage Erzwespen)**
  entwickeln sich polyphag in Eiern anderer Insekten, hauptsächlich von Lepidopteren.
- **Familie Ichneumonidae (Schlupfwespen)**
  Die Eiablage erfolgt in oder an einen Wirtskörper, die Larve verzehrt die Körpersäfte und das Gewebe des Wirtes.
- **Familie Nabidae (Raubwanzen)**
  wurden beim Vertilgen von Frostspannerweibchen sowie beim Aussaugen von Kiefernspanner– und Blattwespenlarven beobachtet.
- **Familie Coccinellidae (Marienkäfer)**
  ernähren sich von Blatt– und Schildläusen, aber auch von Schmetterlings–, Blattwespen– und Käferlarven.
- **Familie Tachinidae (Raupenfliegen)**
  Larven schmarotzen in Insekten, besonders in Großschmetterlingsraupen.
- **Chrysopa spec. (Florfliege)**
  Vernichter von Blattläusen.

Abschließend wäre noch zu erwähnen, daß es in landwirtschaftlichen Kulturen für eine integrierte Bekämpfung von Schädlingen ausreichen mag, "bestimmte Nützlinge" möglichst wenig zu schädigen. Im Wald muß jedoch immer die Auswirkung eines Pflanzenschutzmittels auf die viel komplexere Art der Biozönose in Betracht gezogen werden.

Will man möglichst geringe Wirkungen auf die gesamte Lebensgemeinschaft erzielen, so lautet eine der wichtigsten Forderungen, die behandelte Fläche so klein wie möglich zu halten.

Eine für den Hersteller von Pflanzenschutzmitteln obligatorische Nützlingsprüfung wird im Rahmen des Zulassungsverfahrens gemäß Pflanzenschutzmittelgesetz, BGBl.Nr. 476/1990 berücksichtigt.

Wirkungsbeeinflussung von Pflanzenschutzmitteln durch Immissionen (BERGE, 1987)

Untersuchungen haben gezeigt, daß der Zeitpunkt, die Dauer und Intensität phytotoxischer Immissionen in Abhängigkeit von meteorologischen Faktoren die Wirkung von Pflanzenschutzmitteln beeinflussen, wodurch der Erfolg von Pflanzenschutzmittel–Anwendungen geschmälert werden kann.

So stellte man beispielsweise fest, daß anorganische Stäube aus Flugaschen, Zementofenstaub und Kalkstaub von einem pH–Wert von mehr als 7,3 eine mehr oder weniger dichte Schicht auf Blättern bilden und durch die regelmäßige Anwendung von Pflanzenschutzmitteln der Befall durch Echte Mehltaupilze (Sphaerotheca pannosa) verstärkt wurde.

Weiters konnte man beobachten, daß Braunkohlestäube ab einem 3%igen Anteil von organischer Substanz im Boden zu einer erheblichen Reduktion der herbiziden Wirkung führen.

HUMANTOXIKOLOGISCHE ASPEKTE VON PFLANZENSCHUTZMITTELN

(im wesentlichen bezugnehmend auf die in der Arbeit nachfolgend diskutierten Wirkstoffe)

Giftwirkung von Pflanzenschutzmitteln (MURPHY, 1986)

Allgemeines

Im Idealfall sollte sich die Wirkung von Pflanzenschutzmitteln spezifisch auf die unerwünschten Zielorganismen richten und sich nicht negativ auf Mensch und Umwelt auswirken. Diese hohe Selektivität ist meistens nicht gegeben (Breitenwirkung von Pflanzenschutzmitteln). Der Nachweis der Unschädlichkeit kann daher für Pflanzenschutzmittel nicht erbracht werden. Der Grund liegt in ihrer bestimmungsgemäßen bioziden Wirkung.

Für die toxikologische Beurteilung von Pflanzenschutzmitteln werden meist tierexperimentelle Modelle herangezogen. Da die verschiedenen Tierarten unterschiedliche Empfindlichkeiten aufweisen, sind oft Zweifel hinsichtlich der Übertragbarkeit der Ergebnisse auf den Menschen bzw. bei der Festsetzung des ADI–Wertes (höchste duldbare Tagesdosis für den Menschen) geblieben.

So erkranken beispielsweise Menschen, die beruflich mit Pflanzenschutzmitteln in Kontakt kommen, häufiger an chronischen Nervenerkrankungen. Auch das Auftreten von akuten Pflanzenschutzmittelvergiftungen steht meist mit berufsbedingter Exposition oder sorglosem Umgang mit Pflanzenschutzmitteln in Zusammenhang.

Die Gesundheitsgefährdung ist von folgenden Faktoren abhängig:

- individuelle Merkmale des betroffenen Menschen (Ernährungszustand, Alter, etc.)
- Art des Aufnahmeweges in den Körper (oraler, dermaler oder inhalativer Aufnahmeweg)
- Art und Absorptionsrate der betroffenen Organe (Leber, Lunge etc.)
- Stoffeigenschaften (z. B. akute Toxizität, Abbaugeschwindigkeit, Metabolisierung, etc.)
- physikalische Form (Granulat, Staub, Aerosol, Flüssigkeit) und Ausbringungsart (streuen, spritzen, sprühen, stäuben)
- Konzentration (ist am höchsten bei der Ausbringung im "Ultra–low–volume Verfahren")
- Menge, Dauer und Häufigkeit der Applikation
- Witterungsverhältnisse während der Applikation (z. B. Wind)
- Verunreinigungen des Wirkstoffes (z. B. 2,4,5–T mit Tetrachlordibenzodioxin = TCDD)

Die akute Toxizität wird durch den LD_{50}–Wert ausgedrückt. Der LD_{50}–Wert ist jene Menge an Wirkstoff in mg/kg bzw. mg/l, bei der 50 % der Versuchstiere sterben; dabei wird zwischen oraler, dermaler und inhalativer Aufnahme unterschieden.

Der dermale Aufnahmeweg besitzt in der Praxis die größte Bedeutung.

Der orale Aufnahmeweg ist der häufigste bei nicht berufsbedingten Vergiftungen. Zahlreiche akute Vergiftungen sind auch auf den Genuß von Nahrungsmitteln zurückzuführen, die mit Pflanzenschutzmitteln kontaminiert waren (MURPHY,1986).

Akute und chronische Vergiftungssymptome der verschiedenen Wirkstoffe

Insektizide

Die Insektizide sind am häufigsten an akuten Vergiftungen des Menschen beteiligt, wobei die organischen Phosphate die Vorrangstellung einnehmen.

- ***Organische Phosphorsäureester***

  Parathion (E 605), eines der weltweit am meisten verwendeten Organophosphate, besitzt die fragwürdige Auszeichnung, das Pflanzenschutzmittel mit der größten Anzahl an schweren Vergiftungsfällen zu sein. Es weist eine hohe Säugertoxizität bei allen Aufnahmewegen auf. Die tödliche Dosis des reinen Wirkstoffes liegt beim Erwachsenen zwischen 0,2 und 15 mg/kg Körpergewicht.

  Die Gefährlichkeit der Organophosphate besteht vor allem in akuten Vergiftungen, die auf der Hemmung eines Enzyms, der Acetylcholinesterase, beruhen. Dies bewirkt eine Akkumulation von Acetylcholin im Nervengewebe und den Zielorganen. Acetylcholin hat die Funktion eines chemischen Überträgers von Nervenimpulsen, wobei in erster Linie glatte Muskeln, das Herz und die endokrinen Drüsen Zielorgane von Acetylcholin sind.

  Die Symptome von Organophosphatvergiftungen resultieren in keuchendem Atem, Engegefühl in der Brust, Bronchienverengung, erhöhter bronchialer Sekretion, erhöhtem Speichel– und Tränenfluß, Verengung der Pupillen, erhöhtem Schwitzen, Übelkeit, Erbrechen, Krämpfen und Durchfall. Der Todesfall bei schweren Vergiftungen wird durch Ersticken infolge Atmungsstillstand herbeigeführt. Die Vergiftungserscheinungen treten ein paar Minuten bis drei Stunden nach der Exposition auf.

- ***Carbamate***

  Gleich den Organophosphaten wirken die Carbamate durch Hemmung der Acetylcholinesterase. Die meisten aromatischen Carbamatester besitzen eine geringe dermale Toxizität für Säuger.

  Vergiftungssymptome sind verbunden mit Tränen– und Speichelfluß, Verengung der Pupillen, Krämpfen bis zum Eintreten des Todes.

  Carbaryl ist eines der Carbamate mit der geringsten akuten Toxizität. Es erwies sich im Tierversuch als teratogen.

- ***Chlorierte Kohlenwasserstoffe***

  Die meisten dieser Verbindungen sind sehr persistent und werden aufgrund ihrer hohen Fettlöslichkeit in der Nahrungskette angereichert.

- ***Hexachlorcyclohexan (= techn. HCH)***

  Technisch rohes HCH besteht aus mindestens sieben Komponenten. Der wirksamste Bestandteil ist das Gamma–HCH oder Lindan, das zu ca. 15 % im HCH enthalten ist. Die Begleitstoffe (Alpha– und Beta–HCH) haben kaum insektizide Wirkung, zeichnen sich aber durch eine jahrelange Beständigkeit gegen den Abbau in der Natur aus.

  Die Vergiftungssymptome ähneln denen des DDT und äußern sich durch Zittern, Bewegungsstörungen, Krämpfe, Erschöpfungszustände und erhöhter Atemfrequenz. Bei schweren akuten Vergiftungen können degenerative Veränderungen in der Leber und in der Niere auftreten. Das Gamma–Isomer (= Lindan) kann schon in Mengen von 10 – 20 mg/kg Körpergewicht zu lebensgefährlichen Vergiftungen führen.

  Lindan wurde auch für verschiedene Fälle fehlerhafter Blutzusammensetzung (Dyskrasie) verantwortlich gemacht.

- ***Pyrethroide (KATHAN, 1989)***

  Die akute orale Toxizität für Säuger ist geringer als bei den Phosphorsäureestern.

  Kritischer zu beurteilen ist der dermale und inhalative Aufnahmeweg. Gelangen die als Nervengifte wirkenden Pyrethroide über Hautverletzungen direkt ins Blut, so erreichen sie, ohne vorher abgebaut zu werden, sehr schnell das Nervensystem. Vergiftungssymptome äußern sich durch Muskelzittern, allergische Reaktionen durch Anschwellen der Augenlider, Lippen und Schleimhäute, Hautentzündungen und –ödeme, Kopfschmerzen, Durchfall, Erbrechen, Schwindel, Atemnot, Herzjagen und Lähmung.

  Die synthetischen Pyrethroide stehen neuerdings unter Verdacht, sich in der Nahrungskette anzureichern.

  Für Cyper– und Deltamethrin konnte eine Anreicherung im Gehirn nachgewiesen werden. Die Gefahr chronischer Nerven– und Hirnschäden ist daher nicht auszuschließen. Bei einigen Pyrethroiden besteht der Verdacht, daß sie ein mutagenes bzw. krebserzeugendes Potential besitzen (z. B. Permethrin wurde von der Nationalen Akademie der Wissenschaften der USA als krebserregend eingestuft).

Herbizide

- ***Chlorphenoxyessigsäure Derivate (2,4–D und 2,4,5–T)***

  2,4,5–T ist vor allem durch die Verunreinigungen des Wirkstoffes mit Tetrachlordibenzodioxin (TCDD) in Verruf geraten. Während eine krebserzeugende Wirkung von 2,4–D und 2,4,5–T nicht endgültig bewiesen ist, erwies sich TCDD im Tierversuch eindeutig als kanzerogen.

  Für Ratten erwies sich TCDD als extrem toxisch (LD_{50} (oral) 1 – 100 mg/kg Körpergewicht).

  TCDD verursachte:

  - Leberschädigungen
  - teratogene und foetotoxische Effekte
  - Immunschwäche
  - erhöhte Tumorraten
  - Gewebezerstörungen

  Beim Menschen zeigten sich bei nur sehr geringer Verunreinigung von 2,4,5–T mit TCDD Symptome einer Kontaktdermatitis. Bei Arbeitern einer 2,4,5–T–Fabrik traten starke Symptome von Chlorakne auf. Man vermutet, daß die Konzentration der Verunreinigung von 2,4,5–T mit TCDD ausschlaggebend für seine teratogene Wirkung ist. Wurden Mäuse und Hamster längere Zeit hindurch mit genügend großen Mengen von reinem 2,4,5–T gefüttert (15 – 100 mg/kg/Tag), so konnten auch teratogene und foetotoxische Effekte beobachtet werden.

- ***Triazine (Atrazin, Simazin)***

  Die akute orale Toxizität von Triazinen schwankt von Tierart zu Tierart beträchtlich. So besitzt beispielsweise Atrazin eine hohe akute Toxizität für Ratten, Simazin jedoch nicht. Schafe und Kälber hingegen erweisen sich gegen Atrazin unempfindlicher als gegen Simazin.

- ***Amitrol***

  Amitrol ist den Triazinen strukturell ähnlich. Gegenüber Ratten und Mäusen weist es eine sehr niedere orale Toxizität auf.

  Amitrol hemmt die Peroxidaseaktivität in der Leber und Schilddrüse. Bei Fütterung von Ratten mit Amitrol traten schon eine Woche später Funktionsstörungen der Schilddrüse auf, bei langandauernder oraler Verabreichung konnten im Tierversuch (Ratten, Mäuse) Tumore der Schilddrüse, Leber und Hypophyse beobachtet werden.

Fungizide

- ***Dithiocarbamate***

  Auch sie haben eine geringe akute orale Toxizität. Einige dieser Wirkstoffe besitzen in Tierversuchen ein teratogenes bzw. kanzerogenes Potential. Die Wirkstoffgruppe der Dithiocarbamate (z. B. Maneb, Zineb, Mancozeb) metabolisiert im Freiland und in vivo zu Ethylenthioharnstoffen (= ETU). Dies kann auch während des Kochens von Nahrungsmitteln geschehen, die Rückstände aufweisen. ETU ist nachweislich kanzerogen und teratogen und führt zu Schilddrüsenveränderungen.

Rodentizide

Anorganische Rodentizide weisen eine hohe akute inhalative Toxizität auf und sind aufgrund ihrer unspezifischen Wirkung besonders gefährlich für Mensch und Haustiere. Zinkphosphid kann unter feuchten Bedingungen Phosphorwasserstoff bilden, das, wenn es in genügend hoher Konzentration eingeatmet wird, schwere Lungenödeme verursacht.

BEDENKLICHER UMGANG MIT PFLANZENSCHUTZMITTELN

Im Rahmen einer Diplomarbeit an der Karl–Franzens Universität München untersuchte MAYR (1983) den Umgang mit Pflanzenbehandlungsmitteln und legte zahlreichen Waldarbeitern der Bayerischen Landesforstverwaltung einen Fragenkatalog zu diesem Thema vor.

Trotz der von der Biologischen Bundesanstalt für Land– und Forstwirtschaft gemeinsam mit dem Bundesgesundheitsamt ausgearbeiteten Broschüre "Allgemeine Vorsichtsmaßnahmen beim Umgang mit Pflanzenbehandlungsmitteln", erwies sich der Wissensstand der Waldarbeiter als zu gering. Nur ein knappes Drittel von ihnen hatte diese entsprechenden Informationen schon einmal gelesen.

75 % der Befragten wußten, daß die Gefährlichkeit eines bestimmten Stoffes von der Art der Ausbringung abhängt (vom Streuen über Spritzen und Sprühen bis zum Stäuben/Nebeln). Ebenso war ihnen die zunehmende Gefährlichkeit bei Hitze, Schwüle und Wind bekannt, aber nur 58 % von ihnen gaben an, dies in der Praxis zu berücksichtigen.

72 % von ihnen wußten nicht einmal, daß die Beschaffungspflicht für die entsprechende Schutzkleidung bei der Forstverwaltung liegt.

Einer von 109 Waldarbeitern verfügte über eine komplette Schutzausrüstung (gummierte Kopfbedeckung, Gummistiefel, Atemschutzmaske, Baumwoll– und Gummioverall).

40 % trugen die Atemschutzmaske beim Arbeiten mit bestimmten Mitteln.

16 % trugen die vorhandenen Schutzkleidungsteile immer.

64 % verzichteten generell auf die Schutzausrüstung.

Keiner der Befragten wußte, wann beim Tragen einer Atemschutzmaske deren Filter gewechselt werden muß.

Weniger als 10 % kannten die Gefahrensymbole für die Fisch– bzw. Bienengefährlichkeit nicht.

Die Erhebung brachte zu Tage, daß die *Entsorgung* der Abfälle und Reste genauso wenig sachgemäß war. Nur in 24 % der Fälle wurden die Reste je nach Gefährlichkeit zur örtlichen Hausmüllbeseitigungsanlage oder in eine Sondermülldeponie gebracht.

Nicht selten wurde der Rest unverdünnt weggekippt. Andere Methoden waren, die Fläche noch einmal zu spritzen, die Reste zu vergraben oder in Kanistern und Dosen zu lagern.

In einer vom Österreichischen Ökologieinstitut von HOFSTÄTTER/LENZ (1986) durchgeführten Studie zu den Arbeitsbedingungen in der Forstwirtschaft in Österreich ergab eine Befragung von 80 Forstarbeiterinnen in 31 Betrieben, daß in mindestens der Hälfte dieser Betriebe hochtoxische bzw. bioakkumulierende Insektizide wie DDT*, LINDAN, MALATHION oder PARATHION verwendet wurden; in mindestens einem Drittel wurden bedenkliche herbizide Wirkstoffe, wie z. B. 2,4,5–T*, 2,4–D oder Paraquat* eingesetzt (* inzwischen verbotene Wirkstoffe). Die Zahlen stellen eine Untergrenze dar, da die befragten Frauen in den meisten Fällen nicht wußten, mit welchen chemischen Wirkstoffen sie arbeiteten. Oft konnten die Frauen auch bei Nennung des Namens des Pflanzenschutzmittels nichts über dessen Giftigkeit aussagen. Das zeigt auch die unzureichende Weitergabe von Informationen durch die Betriebsleitung.

Tab. 3: Verwendung von Pflanzenschutzmitteln in Forstbetrieben

	Insektizide: DDT, Lindan Malathion, Parathion			Herbizide: 2,4,5–T, 2,5–D Paraquat		
	ja	nein	weiß nicht	ja	nein	weiß nicht
Zahl der Betriebe	16	02	13	11	03	17

Quelle: HOFSTÄTTER/LENZ, 1986

Der Pflanzenschutzmittelwirkstoff DDT wurde für eine Anwendung in der Land– und Forstwirtschaft erst am 6.2.1987 durch Streichung der Zulassung im Amtlichen Pflanzenschutzmittelregister freiwillig vom Markt zurückgezogen. Verboten wurde der Wirkstoff erst durch die Pflanzenschutzmittelverbotsverordnung (BGBl. Nr. 97/1992).

Drei der befragten 31 Betriebe verwendeten zur Unkrautbekämpfung keine Herbizide sondern ausschließlich mechanische oder biologische Verfahren (Tab. 3). Vor allem in Forstgärten wird die Pflanzenschutzmittelbekämpfung meist von Frauen durchgeführt. Die Bekämpfung des Unterholzes und von Sträuchern erfolgte meist mit 2,4,5–T oder 2,4–D Präparaten.

Im allgemeinen wurde keinerlei Schutzkleidung oder Atemschutz zur Verfügung gestellt.

In mindestens 20 der befragten Betriebe hatten die Arbeiterinnen Vergiftungssymptome ("Giftschäden") bei sich oder anderen beobachtet: Diese umfaßten Kopfschmerzen, Hautjucken und –geschwüre, Allergien, Verätzungen an Gesicht, Händen und Schleimhäuten, Appetitlosigkeit, Gewichtsverlust, Infektionen, Blutvergiftungen und Ohnmacht. Als "Giftschäden" wurden in der Studie Beschwerden bezeichnet, die von den Frauen selbst in Zusammenhang mit dem Arbeiten mit Pflanzenschutzmitteln gebracht wurden, wie z. B. die Ausbringung eines Herbizids mit der Gießkanne, wobei einer Frau durch aufsteigende Dämpfe Augen und Mund verätzt wurden.

Die von der Chemieindustrie stets versicherte Ungefährlichkeit des chemischen Pflanzenschutzes für den Anwender bei sachgerechter Anwendung (!) ist also in der Praxis häufig nicht gegeben. So sind Anwendungsvorschriften wie "Einatmen des Spritznebels und Hautkontakt vermeiden" insbesondere bei aufkommendem Wind nicht zu realisieren.

Obige Studien zeigen, daß die Gefährlichkeit von im Wald eingesetzten Pflanzenschutzmitteln für den Anwender mit der unsachgemäßen Anwendung noch erheblich steigt und die Aufklärungsarbeit von seiten der Forstverwaltungen etc. wesentlich forciert werden müßte!

NICHT-CHEMISCHE ALTERNATIVEN IN DER SCHÄDLINGS- UND UNKRAUTBEKÄMPFUNG

siehe auch Teil HERBIZIDE, "Waldbauliche Maßnahmen" und Teil INSEKTIZIDE, "Generelle Richtlinien für den vorbeugenden Forstschutz" und "Möglichkeiten umweltschonender Verfahren"

Die Applikation von toxischen Substanzen zielt auf die Ausrottung oder Wuchshemmung der Schadorganismenpopulationen hin. Aufgrund human- und ökotoxikologischer Bedenken gewinnen in den letzten Jahren nicht-chemische Verfahren wieder an Bedeutung, wobei vor allem der Forstwirtschaft eine Reihe waldbaulicher und waldhygienischer Vorbeugemaßnahmen zur Verfügung stehen, um den Einsatz chemischer Präparate auf ein Minimum zu beschränken.

Neben den waldbaulichen Möglichkeiten gibt es noch zahlreiche andere Alternativen zur chemischen Schädlingsbekämpfung, auf einige wird nachfolgend kurz eingegangen.

Biologische Verfahren

Diese Methoden zielen darauf ab, schädliche Tiere und Pflanzen durch künstliche Ansiedlung ihrer natürlichen Feinde in Grenzen zu halten. Charakteristisch ist der Einsatz von Nützlingen, in der Absicht, wirtschaftliche Einbußen durch Schädlinge auf einem erträglichen Niveau zu halten. Dies kann durch vorbeugende Verbreitung von Nützlingen (= Prophylaxe) zur Verhinderung einer Übervermehrung (Suppression) oder Abschirmung eines Gebietes (Protektion) durchgeführt werden. Als erfolgreiche Beispiele für die Anwendung biologischer Verfahren können die Ansiedlung von Vögeln, Ameisenansiedlung sowie die Verwendung von Mikroorganismen, Pilzen und "innerartliche Unverträglichkeit" genannt werden.

Im Folgenden sollen einige Beispiele der biologischen Bekämpfung von Forstschädlingen beschrieben werden.

Einbringung von Entomophagen

Ziel der Einfuhr ist die dauerhafte Senkung der Bevölkerungsdichte von schädlichen Arthropoden. Schädlinge haben in der Regel größere Verbreitungsareale als ihre spezifischen Feindarten.

Das gilt besonders für Gebiete, in denen die Wirtspflanze erst kürzlich eingebracht worden ist. Die Wirkung einzelner zuvor unterlegener, natürlicher Feinde kann sich nach ihrer Umsiedlung stark steigern, wenn die bisherigen Hemmfaktoren wegfallen.

DEBACH (in: KRIEG, 1982) zählt in einer Weltübersicht 225 Fälle gelungener Bekämpfung durch Importe von Entomophagen auf, die sich auf 110 Schädlingsarten beziehen.

Tab. 4: Beispiele für die biologische Bekämpfung von Schadarthropoden durch Einbürgerung faunenfremder Entomophagen:

Entomophagenart	*Schädlingsart*	*Land*	*Erfolg*
Tachinidae Ichneumonidae	*Operophtera brumata (Kleiner Frostspanner)*	*Ostkanada*	*vollständig*
Apanteles solitarius (Braconidae)	*Stilpnotia salicis (Weidenspinner)*	*Java*	*teilweise und vollständig*
11 Hymenoptera Diptera und Coleoptera (9 Parasiten, 2 Räuber)	*Lymantria dispar (Schwammspinner)*	*östliche USA*	*teilweise*
Ichneumonidae	*Pristiphora erichsonii (Gr. Lärchenblattwespe)*	*Nordamerika*	*vollständig und teilweise*
Ichneumonidae Tachinidae + Virose	*Diprion hercyniae (Fichtenbuschhorn-blattwespe)*	*Östl. Kanada und USA*	*vollständig*

Quelle: KRIEG und FRANZ, 1982

Bekämpfung durch Vögel

Vogelansiedlungen sind besonders in Waldgebieten sinnvoll, wo Schädlinge wie z. B. Schmetterlingsraupen, Kiefernspanner, Lärchenminiermotte etc. verstärkt auftreten.

Die besonderen Vorteile der Vermehrung insektenfressender Vögel bestehen in

- der leichten Vermehrbarkeit, u.a. in Wirtschaftswäldern
- und der Erhöhung der Sterblichkeit mancher Insekten durch die Ausbreitung von Krankheiten durch Vögel (z. B. Virosen von Nadelholzblattwespen).

Ansiedlung von Ameisen

Die Ameisenansiedlung (Formica rufa, sowie Formica polyctena) verspricht, wie die meisten biologischen Schädlingsbekämpfungsmethoden, im Unterschied zu chemischen Methoden keine sofortige Verhinderung von Schädlingskalamitäten. Erfolgversprechend ist nach bisherigen Erfahrungen der Einsatz von Ameisen zur "Populationsabschöpfung" in Gradationsgebieten von Blattwespe (z. B. Pristiphora abietina – EGGER, 1989) sowie Kiefernspanner, Kieferneule und Kiefernspinner.

Der Aktionsradius des Beuteeintrages liegt bei großen Nestern bei etwa 35 m, bei kleineren entsprechend näher am Nest. Daraus wird ersichtlich, daß eine hohe Dichte von Ameisennestern erforderlich ist, um Gradationen effektiv entgegenzuwirken zu können.

Verwendung von Mikroorganismen

Viren

Seit Beginn der 50er Jahre wurden auf kleinen Flächen Bekämpfungsversuche mit Viren gegen forstschädliche Insekten durchgeführt, die gegen manche Arten gute Erfolge zeitigten.

Ein Vorteil ist die Spezifität der Krankheitserreger und damit die Selektivität der Maßnahme. Erfolge brachte ein Bekämpfungsversuch mit Borrelinavirus diprionis gegen Blattwespen.

Bakterien

Der für Raupen vieler Lepidopterenarten pathogene Bacillus thuringiensis hat sich in Versuchen und praktischen Maßnahmen als zur biologischen Bekämpfung geeignet erwiesen. Er ist zum Einsatz gegen Schmetterlingsraupen zugelassen.

Nutzung innerartlicher Unverträglichkeit

Bei Arten, die ein weites Verbreitungsgebiet aufweisen, gibt es regionale Populationen, deren Geschlechter zwar miteinander kopulieren, aber wesentlich weniger Nachkommen als bei Begattung innerhalb derselben Population, vielfach nur sterile oder keine Nachkommen, erzeugen. So hat z. B. FÜHRER (1977) Inkompatiblität (= Unverträglichkeit) bei verschiedenen Populationen des Borkenkäfers Pityogenes chalcographus festgestellt.

Biotechnische Verfahren

Bei diesen Verfahren werden künstliche Reize physikalischer (Schall, Licht) oder chemischer (Duftstoffe, Fraßstoffe, Hormone, Pheromone) Art "zweckentfremdet" eingesetzt, um das Verhalten und die Entwicklung von Schadpopulationen zu beeinflussen.

Das Ziel besteht in einer Senkung des Schadens und nicht in einer Ausrottung der Schädlinge.

Die Vorteile der biotechnischen Verfahren liegen in der spezifischen Wirkung gegen einen bestimmten Schaderreger ohne Umweltbelastung.

Der Einsatz von Lockstoffen bewirkt, entweder Tiere an bestimmten Plätzen zu konzentrieren, wo sie leichter vernichtet werden können oder durch Desorientierung der Tiere das Geschehen in der Population zu deren Ungunsten zu beeinflussen.

Neben pflanzeneigenen[1)] spielen vor allem tiereigene Lockstoffe (Pheromone) eine bedeutende Rolle.

Beim praktischen Einsatz von Pheromonen im Forstschutz muß zwischen Sexual- und Soziallockstoffen unterschieden werden.

Sexuallockstoffe werden von den Weibchen abgesondert, um die Männchen anzulocken. Das Ziel dieser Methode besteht in einem Männchen-Massenfang mittels synthetisierter Pheromone in sogenannten Lockstoffallen, sodaß für die Begattung nicht mehr genügend übrigbleiben.

Neben den Sexual- kommen noch sogenannte **Soziallockstoffe**[2)] zum Einsatz.

Da sich einbohrende Borkenkäfer tiereigene Lockstoffe aussenden, um ihren Artgenossen den günstigen Brutplatz anzuzeigen, werden sogenannte Giftfangbäume (mit Insektiziden behandelte Stämme) mit künstlich hergestelltem Soziallockstoff versehen, um die Tiere beim Einbohren oder Herumkriechen zu vernichten.

Integrierte Bekämpfungsmaßnahmen

Die integrierten Bekämpfungsmaßnahmen verfolgen das Ziel, den Systemcharakter der Umwelt auszunützen, d.h. die Maßnahmen nicht allein nach dem Schädling auszurichten, sondern nach der übergeordneten Lebensgemeinschaft. Nach allgemeiner Definition ist eine integrierte Bekämpfungsmaßnahme "ein Verfahren, bei dem alle wirtschaftlich, ökologisch und toxikologisch vertretbaren Methoden verwendet werden, um Schadorganismen unter der **wirtschaftlichen Schadensschwelle** zu halten, wobei die bewußte Ausnützung aller natürlichen Begrenzungsfaktoren im Vordergrund steht." (KRIEG und FRANZ, 1982).

[1)] *Die Lockwirkung des zur Borkenkäferbekämpfung verwendeten Fangbaumes beruht im Aussenden von Duftstoffen, namentlich verschiedener Terpene bestimmter Zusammensetzung.*

[2)] *Von großer Bedeutung sind Aggregationspheromone bei Borkenkäfern. Diese Stoffe bewirken nicht nur eine Masseninvasion der Käfer in die Brutstämme, sondern auch ein Zusammentreffen der Geschlechter.*

Das Konzept der wirtschaftlichen Schadensschwellen

Nach amerikanischen Berechnungen würde die Anwendung der wirtschaftlichen Schadensschwellen in allen Kulturen eine generelle Verringerung der Umweltbelastung durch chemische Pflanzenschutzmittel von 35 – 50 % mit sich bringen (STEINHARDT, 1974).

Die wirtschaftliche Schadensschwelle bedeutet die niedrigste Populationsdichte eines Schädlings, bei der wirtschaftliche Schäden entstehen können. Sie liegt im allgemeinen oberhalb einer sichtbaren Schädigung, d.h. von einem Überschreiten dieser Schwelle kann dann gesprochen werden, wenn die Schäden mindestens soviel Geldverluste verursachen, wie die Bekämpfung der betreffenden Schädlinge kostet.

In der Praxis ergeben sich jedoch beträchlichte Schwierigkeiten bei der Angabe biologischer und ökonomischer Größen, ab denen die wirtschaftliche Schadensschwelle überschritten und eine Bekämpfungsmaßnahme gerechtfertigt ist. Werte für Schadensschwellen können niemals eindeutige und überall gültige Zahlen darstellen. Sie gewinnen aber umso mehr an Sicherheit, je besser die Prognose der erwarteten Abläufe entwickelt ist.

Besonders die Forstentomologie hat bei der Erarbeitung von Richtwerten ("kritische Zahlen") Pionierarbeit geleistet[1]).

Bei der Festlegung entsprechender Richtwerte für Waldökosysteme müssen folgende Gesichtspunkte beachtet werden:

- Es hängt weitgehend von der Pflanzenart, vom Bestandesalter und von der Ertragsklasse ab, ob eine gegebene Zahl von Schädlingen einen Pflanzenbestand bedroht. Die Regenerationsfähigkeit der angegriffenen Pflanze ist dabei von ihrer Konstitution und vom Zugriffszeitpunkt abhängig.
- Nicht alle gefundenen Schädlinge gehen in die Ermittlung der kritischen Zahl mit ein, sondern nur lebensfähige Tiere und selbst diese, je nach dem Stand der Gradation, in verschiedener Gewichtung. Für die Ermittlung der kritischen Zahl ist die genaue Kenntnis des Verlaufes der Massenvermehrung unbedingt erforderlich.

Auch wenn die Vorstellung, das komplexe und dynamische Wechselspiel in konstanten, ökologischen und ökonomischen Faktoren quantitativ für die Nutzung des Schadschwellenprinzips in den Griff zu bekommen, auf den ersten Blick utopisch anmutet, sind diese Schwierigkeiten trotzdem nicht unüberwindbar. Es bedarf aber noch intensiver Forschungsanstrengungen, soll das Prinzip der wirtschaftlichen Schadensschwelle zur Norm für die Anwendung chemischer Bekämpfungsmittel werden.

Beispiele integrierter Bekämpfungsmaßnahmen

KOVACEVIC (in: SCHWERDTFEGER, 1981) gelang es, Massenvermehrungen des Schwammspinners, der sehr anfällig gegen die Polyederkrankheit (eine Virusinfektion) ist, durch Kombination einer niedrigen, zur Abtötung des Schädlings an sich nicht ausreichenden Giftdosis mit einem natürlich vorhandenem Krankheitserreger, dem Polyedervirus, rasch zu Ende zu führen. Wegen der geringen Insektiziddosierung blieb die Lebensgemeinschaft weitgehend geschont.

Auch bei der Bekämpfung von Hylobius abietis wurden integrierte Bekämpfungsmaßnahmen erfolgreich angewendet. So wurden Fangrinden mit einer subletalen Dosis von Trichlorfon und einer Sporenaufschwemmung des insektentötenden Pilzes Beauveria bassiana versehen; die sich einfindenden Käfer nahmen keine Nahrung mehr auf und starben, wobei der Tod durch den Pilz verursacht wurde und das Trichlorfon die zur Infektion notwendige Anfälligkeit der Tiere hervorrief.

Weitere Erfolge liegen bei der Bekämpfung von Raupen des Eichenwicklers und Kiefernspanners mit subletalen Insektiziddosen in Kombination mit einer Sporen–Endotoxin Suspension von Bacillus thuringiensis vor.

---

[1] *Die "kritischen Zahlen" der Schädlingsdichte beziehen sich vorwiegend auf die Fähigkeit des betreffenden Waldbestandes, trotz des vorliegenden Schädlingsbesatzes zu überleben. Sie sind nicht ident mit den wirtschaftlichen Schadensschwellen.*

RECHTLICHE GRUNDLAGEN FÜR DAS HERSTELLEN, INVERKEHRSETZEN, ERWERBEN UND VERWENDEN VON PFLANZENSCHUTZMITTELN IN ÖSTERREICH

Für die Zulassung von Pflanzenschutzmitteln in der Forstwirtschaft ist die Untersuchung und die Erstellung eines Gutachtens durch die Forstliche Bundesversuchsanstalt in Schönbrunn (§ 33, Forstbereinigungsgesetz, BGBl.Nr. 222/1962, § 9 Abs. 1 PMG, BGBl.Nr. 476/1990) obligatorisch.

Folgende Gesetze und Verordnungen liefern zurzeit die rechtliche Grundlage für den Einsatz von Pflanzenschutzmitteln in Österreich:

- Das Bundesgesetz vom 2. Juni 1948 über den Schutz der Kulturpflanzen Pflanzenschutzgesetz), BGBl.Nr. 124/1948, in der Fassung der Pflanzenschutzgesetz–Novelle 1987, BGBl.Nr. 165 (ausgenommen Teil III).
- Das Bundesgesetz vom 5. Juli 1990 über den Verkehr mit Pflanzenschutzmitteln (Pflanzenschutzmittelgesetz – PMG), BGBl.Nr. 476/1990.
- Das Bundesgesetz vom 23. Jänner 1975 über den Verkehr mit Lebensmitteln, Verzehrprodukten, Zusatzstoffen, kosmetischen Mitteln und Gebrauchsgegenständen (Lebensmittelgesetz–1975, LMG 1975), BGBl.Nr. 86/1975.
- Das Bundesgesetz vom 25. Juni 1987 über den Schutz des Menschen und der Umwelt vor Chemikalien (Chemikaliengesetz – ChemG), BGBl.Nr. 326/1987 (in der Fassung der Chemikaliengesetz–Novellen BGBl.Nr. 300/1989 bzw. 325/1990, BGBl.Nr. 759/1992), wobei der III. Abschnitt des Chemikaliengesetzes das bis dahin geltende Giftgesetz, BGBl.Nr. 235/1951 sowie die Giftverordnung vom 20. Dezember 1928, BGBl.Nr. 362/1928, letzte Neufassung vom 27. November 1968, BGBl.Nr. 397/1968 außer Kraft gesetzt hat.
- Die Verordnung des Bundesministers für Gesundheit und öffentlicher Dienst vom 26. September 1988 über Höchstwerte von Rückständen von zur Schädlingsbekämpfung verwendeten Stoffen in oder auf Lebensmitteln tierischer und pflanzlicher Herkunft (Schädlingsbekämpfungsmittel–Höchstwerteverordnung, HWV), BGBl.Nr. 649/1988.
- Die Verordnung des Bundesministers für Umwelt, Jugend und Familie vom 16. März 1989 über die Einstufung, Verpackung und Kennzeichnung von gefährlichen Stoffen und Zubereitungen (Chemikalienverordnung – ChemV), BGBl.Nr. 208/1989 in der Fassung des BGBl.Nr. 69/1990.
- Die Verordnung des Bundesministers für Gesundheit, Sport und Konsumentenschutz vom 30. Dezember 1993 über die Bezeichnung von sehr giftigen, giftigen und mindergiftigen Stoffen in einer Giftliste (Giftliste–Verordnung), BGBl.Nr. 918/1993.
- Die Verordnung des Bundesministers für Gesundheit und öffentlicher Dienst vom 9. Jänner 1989 über die Nachmeldung von sehr giftigen, giftigen und mindergiftigen Stoffen zur vorläufigen Giftliste (Giftliste–Nachmeldeverordnung), BGBl.Nr. 210/1989.
- Die Verordnung des Bundesministers für Gesundheit und öffentlicher Dienst vom 23. Jänner 1989 über die Meldung von mindergiftigen Zubereitungen, BGBl.Nr. 211/1989.
- Die Verordnung des Bundesministers für Gesundheit und öffentlicher Dienst vom 23. Jänner 1989 über die Giftbezugsbewilligung, die Aufzeichnungspflicht, die besondere Kennzeichnung und Verpackung und über besondere Schutzmaßnahmen beim Verkehr mit Giften (Giftverordnung 1989 – GiftV), BGBl. Nr. 212/1989.
- Die Verordnung des Bundesministers für Umwelt, Jugend und Familie vom 23. Dezember 1988 über die Nachmeldung von Altstoffen (Nachmeldeverordnung), BGBl.Nr. 39/1989.

- Die Verordnung des Bundesministers für Umwelt, Jugend und Familie vom 23. Dezember 1988 über Anmeldungsunterlagen und Prüfnachweise nach dem Chemikaliengesetz (ChemG – Anmeldungs– und Prüfnachweiseverordnung), BGBl.Nr. 40/1989.
- Die Verordnung des Bundesministers für Umwelt, Jugend und Familie vom 12. Dezember 1988 über Anforderungen an Prüfstellen für Chemikalien (Chemikalien–Prüfstellenverordnung), BGBl.Nr. 41/1989.
- Die Verordnung des Bundesministers für Gesundheit und öffentlicher Dienst vom 19. Jänner 1989 über die Abgabe bestimmter mindergiftiger Waren in Selbstbedienung, BGBl.Nr. 56/1989.
- Die Verordnung des Bundesministers für Umwelt, Jugend und Familie und des Bundesministeriums für Gesundheit, Sport und Konsumentenschutz über die Meldung von neuen Stoffen, die gemäß § 5 des Chemikaliengesetzes von der Anmeldepflicht ausgenommen sind (ChemG–Meldeverordnung 1991), BGBl.Nr. 309/1991.
- Die Verordnung des Bundesministers für Gesundheit, Sport und Konsumentenschutz vom 20. August 1991 über den Gehalt an Pestiziden im Trinkwasser (Trinkwasser–Pestizidverordnung), BGBl. Nr. 448/1991.
- Die Verordnung der Bundesministers für Land– und Forstwirtschaft vom 17. September 1991, betreffend Schwellenwerte für Grundwasserinhaltsstoffe (Grundwasserschwellenwertverordnung–GSwV), BGBl.Nr. 502/1991.
- Die Verordnung des Bundesministers für Umwelt, Jugend und Familie vom 20. Februar 1992 über ein Verbot bestimmter gefährlicher Stoffe in Pflanzenschutzmitteln (Pflanzenschutzmittelverbotsverordnung), BGBl. Nr. 97/1992.
- Die Verordnung des Bundesministers für Umwelt, Jugend und Familie vom 4. Juni 1992, mit der die Chemikalienverordnung geändert wird, BGBl.Nr. 274/1992.
- Die Verordnung der Bundesministers für Gesundheit, Sport und Konsumentenschutz vom 8. Juli 1993, mit der die Giftverordnung 1989 geändert wird, BGBl.Nr. 449/1993.

Mit dem Inkrafttreten des Chemikaliengesetzes am 1. Februar 1989 ist gleichzeitig das Giftgesetz 1951 außer Kraft getreten.

Giftrechtliche Bestimmungen

Der III. Abschnitt des Chemikaliengesetzes enthält "Besondere Bestimmungen über den Verkehr mit Giften."

Gemäß § 22 ChemG sind Gifte Stoffe, die sehr giftig, giftig oder mindergiftig sind bzw. Zubereitungen, die einen dieser Stoffe enthalten.

§ 23 ChemG besagt, daß der Bundeskanzler durch Verordnung die Gifte in einer Giftliste zu bezeichnen hat, wobei bei jedem Stoff zumindest seine Gefährlichkeitsmerkmale anzugeben sind.

Gemäß § 27 ChemG dürfen Gifte nur in Verkehr gesetzt werden, wenn sie in der Giftliste bezeichnet sind. § 27 Abs. 5 ChemG bestimmt, daß Pflanzenschutzmittel, die sehr giftige, giftige und mindergiftige Stoffe enthalten, bereits vor Aufnahme der in ihnen enthaltenen Gifte in die Giftliste in den erforderlichen Mengen in Verkehr gesetzt werden dürfen, wenn sie von der Bundesanstalt für Pflanzenschutz, der Forstlichen Bundesversuchsanstalt oder im Rahmen bestehender Vereinbarungen mit einer dieser Anstalten und unter deren Aufsicht untersucht oder erprobt werden sollen.

Die *Giftliste–Verordnung BGBl.Nr. 918/1993* enthält in ihrem Anhang eine Liste von sehr giftigen, giftigen und mindergiftigen Stoffen mit Hinweisen auf die besonderen Gefahren des gefährlichen Stoffes (R–Sätze) sowie die für ihn geltenden Sicherheitsratschläge (S–Sätze). Die Auflistung der R– und S–Sätze befindet sich im Anhang B Punkt 4.2 der Chemikalienverordnung BGBl.Nr. 208/1989.

Bestimmungen betreffend den Erwerb und die Abgabe von Giften enthalten die §§ 28, 29, 30 und 32 ChemG. Zum Erwerb und zur Abgabe von Giften (ausgenommen mindergiftige Stoffe), sind zur Ausübung der Konzessionen gemäß den §§ 220 bis 223 der Gewerbeverordnung 1973 berechtigte Gewerbetreibende sowie öffentliche Apotheken befugt. Weiters sind zum Erwerb von Giften (ausgenommen mindergiftige Stoffe) die Inhaber einer *Giftbezugsbewilligung* berechtigt (Mustervorlagen für Giftbezugsbewilligungen sind im ANHANG beigefügt):

1. Giftbezugsschein zum einmaligen Bezug einer bestimmten Menge eines oder mehrerer Gifte,
2. Giftbezugslizenz zum mehrmaligen Bezug einer unbestimmten Menge während eines bestimmten Zeitraumes.

§ 29 Abs. 2 ChemG bestimmt, daß die Erteilung einer Giftbezugsbewilligung bei der Bezirksverwaltungsbehörde unter Angabe des Namens, Berufs, Wohnortes des Antragstellers, der Bezeichnung der in Aussicht genommenen Verwendung des Giftes sowie der Menge und Notwendigkeit zu beantragen ist.

Die Giftbezugsbewilligung kann mit Bedingungen oder Auflagen hinsichtlich der Verwendung und Beseitigung des Giftes erteilt werden (§ 29 Abs. 5 ChemG). Die Bezirksverwaltungsbehörde ist verpflichtet, ein Register über alle ausgestellten Giftbezugsbewilligungen zu führen.

Nach § 30 Abs. 1 ChemG ist derjenige, der Gifte (ausgenommen mindergiftige Stoffe) herstellt, gewerbsmäßig einführt oder erwirbt, verpflichtet, für jedes Kalenderjahr genaue und fortlaufende Aufzeichnungen über Art, Menge, Herkunft und Verbleib der von ihm hergestellten, eingeführten, erworbenen oder abgegebenen Gifte zu führen.

Land- und Forstwirte sind von der Aufzeichnungspflicht über den Verbleib von Giften ausgenommen, wenn es sich bei den Giften um zugelassene Pflanzenschutzmittel handelt und diese Gifte im eigenen Betrieb verwendet werden.

Gemäß § 32 Abs. 1 ChemG ist für den Bezug von mindergiftigen Stoffen und Zubereitungen keine Giftbezugsbewilligung notwendig.

Nähere Bestimmungen über die Giftbezugsbewilligung, die Aufzeichnungspflicht, die besondere Kennzeichnung und Verpackung und über besondere Schutzmaßnahmen beim Verkehr mit Giften enthält die *Giftverordnung BGBl.Nr. 212/1989*. Ihr Inkrafttreten am 1. Februar 1990 setzte die Giftverordnung, BGBl.Nr. 362/1928 außer Kraft. Ab diesem Zeitpunkt war die Abgabe von Giften im Wege der Selbstbedienung oder durch sonstige Direktvertriebsmethoden verboten. (Nach dem außer Kraft getretenen Giftgesetz, BGBl.Nr. 297/1928 bzw. der Giftverordnung, BGBl.Nr. 362/1928 konnten Stoffe hoher Giftigkeit Stoffen geringerer Giftigkeit völlig gleichgestellt werden und waren so durch Bescheid frei verkäufliche Stoffe). Beim Bezug von Giften aufgrund eines Giftbezugscheines, hat der Abgeber gem. § 3 GiftV, BGBl.Nr. 212/1989 darin das Datum der Abgabe sowie die Menge einzutragen und seine Unterschrift/Firmenstempel beizufügen. Der gemäß § 28 Abs. 3 ChemG zum Erwerb von Giften Berechtigte hat den Empfang des Giftes auf einer Giftempfangsbestätigung mit seiner Unterschrift zu bestätigen und verpflichtet sich damit auch, das Gift nur für den Zweck, für den die Giftbezugsbewilligung ausgestellt wurde, zu verwenden. Die zur Abgabe von Giften Berechtigten haben gem. § 7 Abs. 1 GiftV ein Giftvormerkbuch zu führen, worin Name und Adresse des Erwerbers, Bezeichnung und Ausstellungstag der Giftbezugsbewilligung, Handelsbezeichnung, Menge und Verwendungszweck des abgegebenen Giftes, Unterschrift des Erwerbers sowie das Abgabedatum enthalten sein müssen.

§ 13 Abs. 5 GiftV untersagt die Aufbewahrung oder das Vorrätighalten von Giften auf offenen Lagerplätzen. Abs. 6 bestimmt, daß auf Ausbringungsgeräten von Pflanzenschutzmitteln von Land- und Forstwirten die Aufschrift "Auch für Gifte bestimmt" deutlich lesbar und dauerhaft angebracht sein muß. § 14 GiftV besagt wörtlich: "Wer Gifte verwendet, hat die zum Schutz des Lebens und der Gesundheit von Menschen notwendigen Vorkehrungen und Maßnahmen zu treffen. Er hat insbesondere die auf den Verpackungen und Beipacktexten angegebenen Hinweise zu befolgen. Sachunkundige Hilfspersonen sind vom Erwerbsberechtigten ausdrücklich auf die zu beachtenden Vorsichtsmaßnahmen aufmerksam zu machen."

Chemikalienverordnung

Die *Chemikalienverordnung BGBl.Nr. 208/1989* enthält nähere Vorschriften über die gefährlichen Eigenschaften von Stoffen, die Einstufung gefährlicher Stoffe (gem. § 2 Abs. 5 ChemG), sowie ihre Kennzeichnung (gem. § 18 ChemG) und Anforderungen an ihre Verpackung (gem. § 17 ChemG). Nach § 3 ChemV hat die Einstufung gefährlicher Stoffe nach den gefährlichen Eigenschaften des § 2 Abs. 5 ChemG zu erfolgen:

1. nach der Liste der eingestuften Stoffe (Stoffliste, Anhang A der ChemV),
2. für Stoffe mit sehr giftigen, giftigen und mindergiftigen Eigenschaften nach der gem. § 23 ChemG erlassenen Giftliste,
3. für die in den beiden Listen nicht enthaltenen Stoffe nach der Allgemeinen Einstufungsrichtlinie (Anhang B der ChemV).

Abschnitt IV der ChemV enthält “Allgemeine Bestimmungen über die Kennzeichnung”.

So dürfen gemäß § 12 Abs. 1 ChemV gefährliche Stoffe und Zubereitungen nur in Verkehr gesetzt werden, wenn sie entsprechend ihren gefährlichen Eigenschaften gekennzeichnet sind.

Die Kennzeichnung ist in deutscher Sprache deutlich sichtbar und lesbar und dauerhaft auf jeder Verpackung anzubringen.

Gemäß § 12 Abs. 2 ChemV hat die Kennzeichnung folgende Angaben zu enthalten:

1. Name des gefährlichen Stoffes oder der in der Zubereitung enthaltenen gefährlichen Stoffe und ihr Masseanteil
2. Name und Adresse des Herstellers oder Importeurs
3. Gefahrensymbole, Kennbuchstaben und die Bezeichnung der beim Umgang mit dem gefährlichen Stoff auftretenden Gefahren
4. Standardaufschriften, die auf die besonderen Gefahren hinweisen (R–Sätze)
5. Standardaufschriften für Sicherheitsratschläge (S–Sätze)
6. Hinweise auf Gegenmaßnahmen im Unglücksfall
7. Hinweise zur schadlosen Beseitigung.

§ 14 ChemV besagt, daß die Zuordnung der Gefahrensymbole, Kennbuchstaben und Gefahrenbezeichnungen (Anhang B, Punkt 4.1) entsprechend der Einstufung in der Stoffliste (Anhang A) bzw. Giftliste oder nach der Allgemeinen Einstufungsrichtlinie (Anhang B) zu erfolgen hat.

Sind Hinweise auf Gegenmaßnahmen im Unglücksfall nicht bereits ausreichend in den S–Sätzen enthalten, so sind gemäß § 17 ChemV weitere konkrete Hinweise darauf zu geben, welche Maßnahmen der Verwender oder Hilfspersonen bei Unfällen zu setzen haben, um Personen– oder Umweltschäden zu vermeiden.

Lebensmittelgesetz

Der § 7 des *Lebensmittelgesetzes* BGBl.Nr. 86/1975 verbietet, Lebensmittel (im Sinne des § 2) in den Verkehr zu bringen, die gesundheitsschädlich sind, d.h. die geeignet sind, die Gesundheit zu gefährden oder zu schädigen.

Weiters stellen noch die §§ 15 und 16 LMG einen Zusammenhang mit dem Einsatz von Pflanzenschutzmitteln her. So dürfen laut § 15 LMG Schädlingsbekämpfungsmittel u.ä. ohne Zulassung oder entgegen den Zulassungsbedingungen nicht in den Verkehr gebracht oder an Tieren bzw. in Tierställen angewendet werden. Futter oder Futtermittel mit Rückständen von Pflanzenschutz–, Schädlingsbekämpfungs– und anderen Mitteln, die in von diesen Tieren stammenden Lebensmitteln bedenkliche Rückstände oder einen anderen nachteiligen Einfluß bewirken können, dürfen ebenfalls nicht in den Verkehr gebracht oder Tieren verfüttert werden.

Nach § 16 LMG, dürfen Lebensmittel pflanzlicher Herkunft nicht in den Verkehr gebracht werden, wenn sie mit nicht zugelassenen Stoffen oder entgegen den Anwendungsvorschriften behandelt wurden. Zugelassen sind nach dem LMG alle nach dem Pflanzenschutzgesetz genehmigten Mittel. §§ 15 und 16 LMG bilden die Basis für die Schädlingsbekämpfungsmittel – Höchstwerteverordnung.

DAS NEUE PFLANZENSCHUTZMITTELGESETZ

Gesetzliche Regelungen über den Verkehr mit Pflanzenschutzmitteln sollten sich am Vorsorgeprinzip orientieren. Die Zusammenhänge zwischen Pflanzen– und Umweltschutz sollten berücksichtigt werden, wofür besonders folgende Gesichtspunkte maßgebend sind:

- Der Vorrang der Entwicklung und Anwendung umweltverträglicher Pflanzenschutzmittel und Pflanzenschutzverfahren sowie "alternativer" Methoden.
- Die Einführung eines "Sachkundenachweises", zumindest für land– und forstwirtschaftliche Anwender als auch für Verkäufer von Pflanzenschutzmitteln, um die richtige Anwendung der Pflanzenschutzmittel möglichst zu garantieren. Dieser Sachkundenachweis könnte z. B. in Form von Ausbildungskursen erbracht werden, in denen Grundkenntnisse ökologischer und toxikologischer Zusammenhänge, Prinzipien des integrierten Pflanzenschutzes sowie Wartung und Neuerungen bei Pflanzenschutzgeräten vermittelt werden.
- Die Einführung einer obligatorischen Bauartenzulassung und regelmäßige Funktionsprüfungen für alle Spritzgeräte.
- Die Umsetzung neuer Erkenntnisse bei integrierten und ökologischen Methoden in der land– und forstwirtschaftlichen Praxis durch entsprechende Beratung, Aus– und Weiterbildung sowie einer Reihe von Maßnahmen, wie z. B. finanzielle Entlastung "umstellungswilliger" Betriebe.

Bei der Zulassung von Pflanzenschutzmitteln sollten grundsätzlich folgende Punkte beachtet werden:

- Zeitlich begrenzte Zulassung der Pflanzenschutzmittel.
- Die Zahl der zugelassenen Pflanzenschutzmittel ist soweit wie möglich zu begrenzen: Dieser wirksame Schutz vor Gefährdungen durch Pflanzenschutzmittel würde auch den Anwender von einem Übermaß an notwendigen Reglementierungen befreien und ihm den bewußten Einsatz von Pflanzenschutzmitteln erleichtern.
- Die Zulassung eines Pflanzenschutzmittels sollte nur dann erfolgen, wenn es in human– und ökotoxischer Hinsicht unbedenklicher ist als bereits zugelassene Mittel, die denselben Zweck erfüllen.

Bundesgesetz vom 5. Juli 1990 über den Verkehr mit Pflanzenschutzmitteln (Pflanzenschutzmittelgesetz – PMG), BGBl. Nr. 476/1990

Totalherbizide, "biologische" Pflanzenschutzmittel (Organismen einschließlich Viren), Pflanzenschutzmittelzusatzstoffe, Wachstumsregulatoren sowie Mittel zum Schutz der Pflanzen gegen jagdbare Tiere (Wildverbißmittel) wurden mit diesem Gesetz zulassungspflichtig.

Neue Schutzobjekte sind unter anderem Rundholz und Holz, das ganz oder teilweise die natürliche Rundung seiner Mantelfläche behalten hat, mit und ohne Rinde, sowie zerkleinertes berindetes Holz und Rinde.

Die wichtigsten Regelungen
Begriffsbestimmungen nach § 1 PMG, BGBl.Nr. 476/1990:
Der bisher verwendete Ausdruck "Pflanzenkrankheiten und tierische oder pflanzliche Schädlinge einschließlich Unkräuter" wird durch den international gebräuchlichen Begriff "Schadorganismen" ersetzt. "Schadorganismen (gem. § 1 Abs. 4 PMG) sind Tiere, Pflanzen sowie Mikroorganismen in allen Entwicklungsstadien einschließlich Viren und ähnliche Krankheitserreger, die zu schützende Pflanzen oder Pflanzenerzeugnisse schädigen können". Durch den Begriff "Tiere" werden auch alle jagdbaren Tiere miteinbezogen, die bis zu diesem Zeitpunkt durch § 1 leg. PMG, BGBl.Nr. 124/1948 cit. ausdrücklich ausgenommen waren.

In § 1 Abs. 6 PMG findet der Begriff des "Integrierten Pflanzenschutzes" Eingang, worunter eine Kombination von Verfahren zu verstehen ist, "bei denen unter vorrangiger Berücksichtigung biologischer, biotechnischer, pflanzenzüchterischer sowie anbau– und kulturtechnischer Maßnahmen die Anwendung chemischer Pflanzenschutzmittel auf ein notwendiges Maß beschränkt wird."

Antrag auf Zulassung gem. § 6 PMG:
§ 6 Abs. 2 Z 5 besagt, daß der Antrag "die Zusammensetzung und die Beschaffenheit nach Art und Menge der Bestandteile einschließlich allfälliger toxikologisch bedeutsamer Verunreinigungen" sowie "die gefährlichen Eigenschaften gem. § 2 Abs. 5 ChemG" zu enthalten hat.

Gemäß § 6 Abs. 2 Z 7 müssen die vorgesehenen Anwendungsbestimmungen mit folgenden Angaben aufgezählt werden:

a) die Indikation,
b) die Aufwandmengen oder Aufwandkonzentrationen,
c) die Anwendungsarten und Anwendungszeitpunkte,
d) die Wartefristen und die erforderlichen Nachbaufristen.

Gemäß § 6 Abs. 3 hat der Antragsteller dem Antrag dokumentierte Unterlagen anzuschließen, die "eine umfassende Beurteilung der physikalischen, chemischen und physikalisch–chemischen Eigenschaften und eine umfassende toxikologische und ökotoxikologische Beurteilung ermöglichen und Auswirkungen auf Menschen und Umwelt abschätzen lassen".

Gemäß § 6 Abs. 7 Z 1 kann der Bundesminister für Land– und Forstwirtschaft durch Verordnung "nähere Bestimmungen über Inhalt, Umfang und Form der dem Antrag gem. Abs. 3 Z 1 und 2 anzuschließenden Unterlagen, sowie über Art und Umfang der zu ihrer Erstellung notwendigen Prüfungen" festsetzen.

Zulassung gem. § 8 PMG:
Der Bundesminister für Land– und Forstwirtschaft hat dem Antrag mit Bescheid stattzugeben, wenn das Pflanzenschutzmittel gem § 8 Abs. 1 nach dem Stand der wissenschaftlichen Erkenntnisse bei bestimmungsgemäßer und sachgerechter Anwendung unter Bedachtnahme auf Maßnahmen des Integrierten Pflanzenschutzes hinreichend wirksam ist und keine unmittelbar schädlichen Auswirkungen auf die Gesundheit von Menschen hat sowie zu keinen unvertretbaren Beeinträchtigungen der Umwelt führt".

Gemäß § 8 Abs. 3 erlischt die Zulassung, sofern § 11 PMG nichts anderes bestimmt, 10 Jahre nach Ablauf des Jahres, in dem sie erteilt worden ist, sie kann aber auch auf einen kürzeren Zeitraum befristet werden, wenn eine neuerliche Prüfung auf Grund der wissenschaftlichen Erkenntnisse mit erfolgter Beurteilung der Zulassungsvoraussetzungen erforderlich erscheint.

Verfahrensrechtliche Bestimmungen gem. § 9 PMG:
§ 9 Abs. 1 besagt, daß der Bundesminister für Land– und Forstwirtschaft über das Vorliegen der Zulassungsvoraussetzungen des § 8 Abs. 1 ein Gutachten der Bundesanstalt für Pflanzenschutz bzw. der Forstlichen Bundesversuchsanstalt, ein Gutachten des Bundesministeriums für Gesundheit, Sport und Konsumentenschutz sowie ein Gutachten des Bundesministeriums für Umwelt, Jugend und Familie einzuholen hat.

Abänderung und Aufhebung der Zulassung gem. § 10 PMG:
§ 10 Abs. 1 bestimmt, daß die Zulassung eines Pflanzenschutzmittels mit Bescheid des Bundesministers für Land– und Forstwirtschaft abzuändern oder aufzuheben ist, "wenn sie nicht oder nicht mehr den Zulassungsvoraussetzungen des § 8 Abs. 1 entspricht." Das gilt z. B. auch dann, wenn die Schadorganismen gegen das Mittel resistent geworden sind.

Der Bundesminister für Land– und Forstwirtschaft kann die Zulassung eines Pflanzenschutzmittels gem. § 10 Abs. 3 mit sofortiger Wirkung auch dann aufheben oder abändern, wenn das "nach dem Stand der wissenschaftlichen Erkenntnisse zur Vermeidung von Gefahren für die Gesundheit von Menschen oder für die Umwelt erforderlich ist."

Erlöschen der Zulassung gem. § 11 PMG:
Das Erlöschen der Zulassung ist durch Zeitablauf, Aufhebung und schriftlicher Verzichtserklärung bzw. bei Aufgabe des inländischen Sitzes des Zulassungsinhabers möglich.

Kennzeichnungsvorschriften gem. § 14 PMG:
§ 14 Abs. 1 besagt, daß "Pflanzenschutzmittel nur dann in Verkehr gebracht werden dürfen, wenn auf den Handelspackungen (Behältnissen und Außenverpackungen) folgende Angaben deutlich sichtbar, lesbar und dauerhaft in deutscher Sprache enthalten sind:

1. die Bezeichnung "Pflanzenschutzmittel"
2. die Handelsbezeichnung unter der das Pflanzenschutzmittel zugelassen wurde
3. die Typengruppe des Pflanzenschutzmittels
4. die Pflanzenschutzmittelregisternummer
5. die Namen und Mengen der enthaltenen Wirkstoffe
6. die Namen und Mengen der enthaltenen gefährlichen Stoffe gem. § 18 Abs. 1 Zeile 1 ChemG
7. die zugelassenen Anwendungsbestimmungen mit Angaben über:
   a) die Indikationen
   b) die Aufwandmengen und Aufwandkonzentrationen
   c) die Anwendungsarten und Anwendungszeitpunkte
   d) die Wartefristen und die erforderlichen Nachbaufristen
8. die gefährlichen Eigenschaften gemäß § 2 Abs. 5 ChemG und sonstigen Gefahren für die Gesundheit von Menschen und für die Umwelt, zumindest durch die entsprechenden
   - Gefahrensymbole,
   - Kennbuchstaben,
   - Gefahrenbezeichnungen und
   - Risikosätze

   gemäß § 18 ChemG.
9. die Verhaltensweise im Hinblick auf die Anwendung und Sicherheitsratschläge
10. die sachgerechte Lagerung
11. das Ablaufdatum (Pflanzenschutzmittel mit begrenzter Haltbarkeit)
12. das Gewicht oder Volumen des Inhaltes der Handelsverpackung
13. den Namen und die Anschrift des Zulassungsinhabers
14. die Chargennummer
15. die sonstigen die Kennzeichnung betreffenden Auflagen (§ 8 Abs. 2 PMG)
16. Hinweise auf die schadlose Beseitigung des Pflanzenschutzmittels

Verpackungen gem. § 15 PMG:
§ 15 Abs. 1 bestimmt, daß die Handelsverpackungen und Überpackungen so beschaffen sein müssen, daß "die in ihnen enthaltenen Pflanzenschutzmittel bei sachgerechter Lagerung und Handhabung bis zu ihrem Verbrauch keine Gefahr für die Gesundheit von Menschen und für die Umwelt herbeiführen können." In Z 1 bis 4 folgen nähere Ausführungen über die entsprechenden Anforderungen an die Verpackungen.

Amtliches Pflanzenschutzmittelregister gem. §16 PMG:
Pflanzenschutzmittel sind unverzüglich nach ihrer Zulassung unter einer fortlaufenden Nummer (Pflanzenschutzmittelregister–Nummer) in das bei der Bundesanstalt für Pflanzenschutz geführte Register einzutragen.

Das Pflanzenschutzmittelregister ist in zwei Teile gegliedert wobei der öffentliche Teil:

- Zeitpunkt der Zulassung
- Kennzeichnungen lt. Vorschriften gem. § 14 (1)
- Abänderungen der Zulassung gem. §§ 11 (1), (2); 35 (3)
- Rechtsnachfolge
- Übertragung

- Frist gem. §§ 4 (3), 14 (5)
- Anträge auf Erneuerung der Zulassung gem. § 13

und der nichtöffentliche Teil:
- zugelassene Zusammensetzung und Beschaffenheit nach Art und Menge der Bestandteile
- allfällige toxikologisch bedeutsame Verunreinigungen
- international anerkannte Bezeichnungen und allfällige gleichwertige verkehrsübliche Bezeichnungen

enthalten.

Amtliches Pflanzenschutzmittelverzeichnis gem. § 17 PMG:
Gemäß § 17 Abs. 2 müssen die Zulassungsinhaber bis 31. Oktober des vorausgegangenen Kalenderjahres bekanntgegeben haben, welche der zugelassenen Pflanzenschutzmittel sie im Folgejahr in den Verkehr zu bringen beabsichtigen.

§ 17 Abs. 3 listet jene Angaben auf, die für jedes Pflanzenschutzmittel zu veröffentlichen sind:

1. die Pflanzenschutzmittelregisternummer,
2. die Handelsbezeichnung, unter der das Mittel zugelassen wurde,
3. der Name und die Anschrift des Zulassungsinhabers,
4. die Namen und die Mengen der enthaltenen Wirkstoffe,
5. die zugelassenen Anwendungsbestimmungen (siehe auch § 14 Abs. 1 Z 7 PMG),
6. die gefährlichen Eigenschaften, die sich für die Gesundheit von Menschen und für die Umwelt ergeben können, zumindest durch die entsprechenden Gefahrensymbole, Kennbuchstaben, Gefahrenbezeichnungen und Risikosätze gem. §§ 2 Abs. 5 und 18 ChemG,
7. die giftrechtlichen Erwerbs– und Abgabevorschriften gemäß §§ 28 ff ChemG,
8. die Verhaltensweise im Hinblick auf die Anwendung und die Sicherheitsratschläge.

Meldepflichten des Zulassungsinhabers gem. § 20 PMG:
§ 20 Abs. 1 besagt, daß der Zulassungsinhaber alle ihm nach der Zulassung bekanntgewordenen Beobachtungen und Daten, die mit den Zulassungsvoraussetzungen (§ 8 Abs. 1 PMG) nicht im Einklang stehen, unverzüglich dem Bundesminister für Land– und Forstwirtschaft zu melden hat.

Meldepflichten des schriftlich bevollmächtigten Vertriebsunternehmers gem. § 21 PMG
Entsprechend § 21 Z 2 besteht eine Meldepflicht für die Namen und die Mengen der einzelnen Wirkstoffe der jährlich in Verkehr gebrachten und der jährlich ausgeführten Pflanzenschutzmittel spätestens drei Monate nach Ablauf des Kalenderjahres.

Vertraulichkeit von Informationen–Datenverkehr gem. § 30 PMG:
§ 30 Abs. 2 bestimmt, daß folgende Angaben nicht unter ein Betriebs– und Geschäftsgeheimnis fallen:

1. die unter die Kennzeichnung (§ 14) fallenden Angaben,
2. die Zusammenfassung der Unterlagen gem. § 6 Abs. 3 Z 1 und 2 (Beurteilung physikalischer, chemischer, toxikologischer und ökotoxikologischer Eigenschaften),
3. Namen und Mengen der Wirkstoffe, die der Zulassungsinhaber jährlich in Verkehr bringt.

Aufhebung von Rechtsvorschriften gem. § 34 PMG:
Der III. Teil des "alten" Pflanzenschutzgesetzes (BGBl.Nr. 124/1948), die Pflanzenschutzmittelverordnung (BGBl.Nr. 147/1949), Gebührentarifverordnung (BGBl.Nr. 313/1988) werden aufgehoben.

Übergangsbestimmungen gem. § 35 PMG:

§ 35 Abs. 3 besagt:

"Die Zulassung erlischt für Pflanzenschutzmittel der Registernummern

- 1 bis 500 drei Jahre
- 501 bis 1000 sechs Jahre
- 1001 bis 1500 acht Jahre
- der übrigen bis zum Inkrafttreten dieses Bundesgesetzes vergebenen Registernummern

zehn Jahre nach Inkrafttreten dieses Bundesgesetzes."

"Wenn ein Pflanzenschutzmittel einer späteren Registernummer den gleichen Wirkstoff einer früheren Registernummer hat, so erlischt die Zulassung bereits mit dem Zeitpunkt, der für das Pflanzenschutzmittel der früheren Registernummer im ersten Satz festgesetzt ist."

LITERATURVERZEICHNIS PFLANZENSCHUTZMITTEL

ALTENKRICH, W. und BOGENSCHÜTZ, H (1986)
Ergebnisse von Nützlingsprüfungen an Forstschutzmitteln. Der Forst– und Holzwirt, 7, S. 173–176

BERGE, H. (1987)
Wirkungsbeeinflussung von Pestiziden durch Immissionen. Ant. Schädlingskunde, Pflanzenschutz, Umweltschutz, S1, S. 100–102

BITTER, B. (1974)
Einsatz von Herbiziden, Fungiziden und Insetkiziden in der Forstwirtschaft unter der Berücksichtigung der Sonderbelange der Wassereinzugsgebiete von Trinkwassertalsperren. DVGW–Schriftreihe Wasser 1, S. 75–78

BOOS, R. und KITTEL, G. (1986)
Schäden durch Pestizide. In: Lebens– und Arbeitsbedingungen in der Forstwirtschaft. Forschungsberichte aus Sozial– und Arbeitsmarktpolitik Nr. 14

BUNDESAMT FÜR UMWELT, WALD UND LANDSCHAFT (1990)
Stoffverordnung und Forstschutz. Grundlagen für den Anwender von Pflanzenbehandlungsmitteln. Leitfaden Umwelt 1, S. 57–71

BUNDESANSTALT FÜR PFLANZENSCHUTZ, WIEN (1993)
Amtliches Pflanzenschutzmittelverzeichnis, Stand 31. Oktober 1992. Offizielle Veröffentlichung der Bundesanstalt für Pflanzenschutz

EGGER, A. (1989)
Zur Wirkung und Nachhaltigkeit chemischer und biologischer Bekämpfungsmaßnahmen gegen die kleine Fichtenblattwespe. Centralblatt f. d. ges. Forstwesen 2, S. 63–77

FISCHER–COLBRIE, P. (1987)
Für den österreichischen Obstbau genehmigte Wirkstoffe und ihre Nebenwirkungen auf Nützlinge. Pflanzenschutz 12, S. 10–12 (Offizielle Veröffentlichung der Bundesanstalt für Pflanzenschutz)

FÜHRER, E. (1977)
Genetische Unverträglichkeit – eine neue Perspektive der Vorbeugung gegen Schädlingsvermehrung im Wald? Allgemeine Forstzeitung 32, S. 611–613

Gesetz zum Schutz der Kulturpflanzen (Pflanzenschutzgesetz) vom 15. September 1986, BGBl.Nr. 49; Beschluß des Bundestages der Bundesrepublik Deutschland ausgegeben am 19. September 1986

HASSAN, S. A. (1984)
Nebenwirkungen von Pflanzenschutzmitteln auf Nützlinge. Nachrichtenbl. Dt. Pflanzenschutzdienst, 36, S. 6–8

HIETEL, F. (1993)
Die Borkenkäfer in unserem Wald. Österreichische Forstzeitung 2, S. 26–27

HOFSTÄTTER und LENZ (1986)
Gesundheitsgefährdungen durch Pestizideinsatz in der Forstwirtschaft. Veröffentlichung des Österreichischen Ökologie–Institutes, Teil I, S. 94–97

JESKE, A. (1978)
Pflanzenschutztechnik. Berlin: Akademieverlag

KATHAN, G. J. (1989)
Pyrethrum und Pyrethroide. Deutscher Gartenbau 18, S. 1178–1179

KITTEL, G. (1985)
Pestizide und Umweltrecht – Ein Internationaler Überblick. Informationen zur Umweltpolitik Nr. 21 (Veröffentlichung des Institutes für Wirtschaft und Umwelt des Österreichischen Arbeiterkammertages)

KRIEG, A. und FRANZ, J. M. (1982)
Biologische Schädlingsbekämpfung. Berlin und Hamburg; Verlag Paul Parey

MAYR, G. (1983)
Bedenklicher Umgang mit Pflanzenschutzmitteln. Allgem. Forstzeitschrift 14, S. 327

METCALF, R.L. (1980)
Changing role of insecticides in crop protection. Ann. Rev. Entm. 25, S. 219–256

MURPHY, S. D. (1986)
Toxic Effects of Pesticides. in: Casarett and Doull's Toxicology. New York: Macmillon Publishing Company

MOSER, E. (1984)
Verfahrenstechnik, Intensivkulturen. Pareys Studien Texte 40. Lehrbuch der Agrartechnik, Band 4. Berlin und Hamburg: Verlag Paul Parey

ONDERSCHEKA, K. (1978)
Herbizide und Wildtiere. Allgemeine Forstzeitung 89 (4), S. 117–119

PERKOW, W. (1968)
Die Insektizide. Heidelberg: Verlag Dr. Alfred Hüthig

PETRI, H. (1974)
Hygienisch–toxikologische Beurteilung der in Waldgebieten eingesetzten Pflanzenschutzmittel. DVGW–Schriftreihe Wasser 1, S. 57–61

QUENTIN, K.–E. (1974)
Auswirkungen des Einsatzes von Pestiziden im Trinkwassertalsperreneinzugsgebiet auf die Qualität des Oberflächenwassers. DVGW–Schriftreihe Wasser 1, S. 79–84

SCHWERDTFEGER, F. (1981)
Waldkrankheiten. Berlin und Hamburg: Verlag Paul Parey

STEINHARDT, J.S. und STEINHARDT, C.E. (1974)
Energy Use in US Food System. Science 184, S. 307

SMIDT, ST. und FERENCY, J. (1988)
Forstschutz – Merkblätter der Forstlichen Bundesversuchsanstalt Wien – Institut für Forstschutz

Verordnung über den forstlichen Pflanzenschutz vom 16. Oktober 1956, Nr. 921.541; Beschluß des Schweizer Bundesrates

Verordnung über umweltgefährdende Stoffe (Stoffverordnung, StoV) vom 9. Juni 1986, Nr. 814.013; Beschluß des Schweizer Bundesrates

WELLENSTEIN, G. (1974)
Forstschutzmaßnahmen im Spannungsfeld von Wirtschaftlichkeit und Landschaftshygiene. DVGW–Schriftreihe Wasser 1, S. 85–89

Weiterführende Literatur

ALTHAUS, H. (1974)
Erfahrungen über Auswirkungen des Einsatzes von Pflanzenschutzmitteln auf forstlich genutzten Flächen. DVGW – Schriftenreihe Wasser 1, S. 63–67

AMMER, U. (1988)
Korrelation zwischen Forstschäden und Seehöhe. Forstliches Centralblatt 107 (3), S. 145–151

ANONYM (1987)
Pflanzenschutzmittel im Trinkwasser. Allgemeine Forstzeitschrift 42, S. 865

ARBEITSGEMEINSCHAFT KRITISCHE CHEMIE (1985)
Das dreckige Dutzend – Pestizide töten wahllos. Steckbrief 1, S. 1–12

BAUER, F. (1987)
Chemie im Waldschutz. Zum Schering – Forstsymposium 1977 in Berlin. Allgemeine Forstzeitschrift 33, S. 443–444

BERAN, F. (1976)
Pflanzenschutzmittelkompendium und Richtlinien für die Gebarung mit Pflanzenschutzmitteln. Wien: Kurier–Zeitungsverlag

DIERCKS, R. (1984)
Einsatz von Pflanzenbehandlungsmitteln und die dabei auftretenden Umweltprobleme. Mainz: Verlag Kohlhammer

HERBST, M. (1979)
Zur toxikologischen Testung von pestiziden Entwicklungssubstanzen. Allgem. Forstzeitung 89 (4), S. 110–112

HILLE, M. (1979)
Ergebnisse einer Erhebung über Art und Menge der Wirkstoffe der im Wald im Forstwirtschaftsjahr 1976 eingesetzten Pflanzenschutzmittel. Allgem. Forstzeitschrift 34 (3), S. 73–76

IWAN, J. (1978)
Rückstandsverhalten von Pflanzenschutzmitteln. Allgem. Forstzeitschrift 33 (16), S. 466–467

RACK, K. (1974)
Applikationsmethoden für das Ausbringen von Pestiziden Im Forst. DVGW–Schriftenreihe Wasser 1, S. 69–74

SANDERMANN, H. (1987)
Pestizid–Rückstände in Nahrungspflanzen. Die Rolle des pflanzlichen Metabolismus. Naturwissenschaften 74, S. 573–578

SCHMUTZLER, K. (1983)
Entwicklungsstand und Zukunftsperspektiven für den Pflanzenschutz aus Sicht der Hoechst AG. Allgem. Forstzeitschrift 38 (16), S. 418

SCHNEIDER, K. (1974)
Arbeitshygiene und chemischer Forstschutz. Allgem. Forstzeitschrift 29 (3), S. 45–46

UMWELTBUNDESAMT (1988)
Pestizide. Bodenschutzkonzept des UBA Wien, 1–6

UMWELTBUNDESAMT (1988)
Schutz von Grundwasservorkommen. Bodenschutzkonzept des UBA Wien, 1–9

WULF, A. (1984)
Können Pflanzenschutzmittel für die neuartigen Walderkrankungen mitverantwortlich gemacht werden? Allgem. Forstzeitschrift 39 (3), S. 44

ZUR SITUATION DES HERBIZIDEINSATZES IN DER FORSTWIRTSCHAFT

Es kann davon ausgegangen werden, daß vom gesamten Pflanzenschutzmitteleinsatz weniger als 2 % in der Forstwirtschaft zur Anwendung kommen, wobei ein beträchtlicher Teil davon auf den Einsatz in Forstgärten und Auspflanzungen entfällt.

Der Gesamtherbizidverbrauch stieg von 1980 bis 1989 um 15 % (Quelle: Mitteilung des Fachverbandes der Chemischen Industrie Österreichs). Ob von dieser Steigerung des Herbizideinsatzes auch die Forstwirtschaft und wenn, in welchem Ausmaß, betroffen ist, läßt sich nicht mit Sicherheit sagen, da die Hauptanwendung im landwirtschaftlichen Bereich erfolgte.

Entsprechend den Schätzungen der Forstlichen Bundesversuchsanstalt müßte der Trend des Herbizideinsatzes in der Forstwirtschaft entgegengesetzt zum steigenden Jahresverbrauch verlaufen.

Die Entwicklung von praxistauglichen Freischneidegeräten zur Baumartenregulierung im Jungbestand hat den Einsatz von Herbiziden weitgehend zurückgedrängt. So wird von den Österreichischen Bundesforsten bei der Mischwuchsregulierung mittlerweile gänzlich auf den Herbizideinsatz verzichtet (ÖBF, 1993; mündliche Mitteilung).

Das genaue Ausmaß des vermutlich verminderten Herbizideinsatzes in der Forstwirtschaft zu quantifizieren, ist jedoch niemand in der Lage, denn sämtliche für die Forstwirtschaft zugelassenen Herbizide sind frei verkäuflich und unterliegen keiner Anwendungskontrolle.

Obwohl das Inverkehrsetzen von Herbiziden auf Basis der 2,4,5–T Phenoxyessigsäure und deren Verwendung ab dem 20. Februar 1992 verboten ist (Pflanzenschutzmittelverbotsverordnung BGBl. Nr. 97/1992), werden sie dennoch in diesen Bericht aufgenommen, da diese Mittel große Diskussionen wegen ihrer ungeklärten ökologischen Langzeitwirkungen ausgelöst haben. Dies führte z. B. in Schweden bereits 1977 zu einem generellen Verbot derartiger Herbizide; in der Bundesrepublik Deutschland sind seit 1. November 1985 alle 2,4,5–T–haltigen Herbizide nicht mehr zugelassen, was bedeutet, daß Präparate mit diesem Wirkstoff nicht mehr erzeugt und vertrieben werden dürfen.

In Österreich wird 2,4,5–T seit einigen Jahren von den Firmen nicht mehr vertrieben. Mit ein Grund könnten die produktionsbedingten Schwierigkeiten sein, insbesondere verursacht durch die Entsorgung des TCDD–haltigen (Tetrachlordibenzo–dioxin) Abfalls. Alle für den Forst zugelassenen Präparate wurden freiwillig vom Markt zurückgezogen.

Vor allem der Herbizideinsatz im Wald bedarf aufgrund der großen Komplexität des "Ökosystems Wald" besonders genauer Planung sowie der Klärung einer Reihe wichtiger Fragen:

- Welche Unkräuter müssen überhaupt bekämpft werden?

  Nicht alle Gräser und Kräuter üben auf Forstpflanzen eine schädigende Wirkung aus, weshalb Bekämpfungsmaßnahmen selektiv auf Konkurrenzpflanzen ausgerichtet durchgeführt werden sollten. Die Vielfalt der Flora trägt außerdem unbestritten zur Ausgewogenheit des Bodenlebens und damit zur Verringerung von Krankheitsgefahren bei.

- Einteilung der Unkrautbekämpfungsmittel nach Anwendungszeit
  - Blattherbizide ohne Translokation (Ätzmittel):
    sie werden nach dem Auflaufen der Unkräuter gespritzt und erfassen nur die, welche direkt vom Mittel getroffen werden.
  - Blattherbizide mit Translokation:
    dazu zählten die typischen Wuchsstoffmittel (z. B. 2,4–D, MCPB, Triclopyr) sowie systemische Mittel ohne typische Wuchsstoffeigenschaften (z. B. Glyphosate, Fosamine), die vorwiegend über das Blatt in die Pflanze eindringen.

* Bodenherbizide:
  sie werden vor dem Auflaufen der Unkräuter gespritzt und dringen über den Wurzelbereich in die Pflanze ein (z. B. Hexazinone).

* Boden– und Blattherbizide:
  können vor oder nach dem Auflaufen der Unkräuter angewendet werden und dringen entweder über die oberirdischen oder unterirdischen Pflanzenteile ein (z. B. Dalapon).

- Herbizidschäden an Forstpflanzen

  In der Praxis treten immer wieder durch Herbizide verursachte direkte Schadenssymptome an Forstpflanzen (z. B. Kronenanomalien – KLEIN, 1989) auf, wobei nicht selten die Frage offen bleibt, ob die Unkrautkonkurrenz oder der Herbizideinsatz nachteiliger waren.

- Rückstandsprobleme

  Die Abwesenheit eines Herbizids im Boden bedeutet nicht zwingend seine vollzogene, definitive Inaktivierung.

- Kombinierter Pflanzenschutzmittelinsatz

  Viele Kenntnisse über Nebeneffekte von Herbiziden gehen auf Modellexperimente mit bekannten Dosen eines Mittels zurück. In der Praxis können jedoch Fälle auftreten, in denen mehrere Mittel nacheinander oder in denen Fungizide, Insektizide und Herbizide annähernd gleichzeitig appliziert werden. Dadurch kann es zu Reaktionen zwischen den verschiedenen Wirkstoffen kommen, die möglicherweise unter Mitwirkung von chemischen und mikrobiellen Komponenten des Bodens zu neuen noch unbekannten Effekten führen.

So kann nach BALICKA und MUSIAL (in: SCHÜTT, 1975) eine simultane Applikation verschiedener Pflanzenschutzmittel zu einer Änderung ihrer Phytotoxizität führen. Sie stellten nach kombiniertem Pflanzenschutzmittelinsatz sowohl synergistische als auch antagonistische (diese jedoch nur in Anwesenheit von Mikroorganismen) Wirkungen fest.

Die Herbizide Atrazin, Simazin und 2,4–D sind, separat verabreicht, für Insekten ungiftig, erhöhen aber bei gleichzeitiger Applikation mit Insektiziden (Organo–Phosphorverbindungen, chlorierte Kohlenwasserstoffe, Carbamate) deren toxische Wirkung. Extrem synergistisch wirkt Atrazin (LICHTENSTEIN, in: SCHÜTT, 1975).

REINECKE und VON ZITZEWITZ (in: SCHÜTT, 1975) beschreiben die Wirkung von Herbizidmischungen. So soll die Mischung von Dalapon und 2,4,5–T–Ester erhebliche Kulturschäden verursachen sowie einen viel zu starken Eingriff in die bestehende Pflanzengesellschaft darstellen.

Anhand eines konkreten Schadensfalles aus Süddeutschland soll verdeutlicht werden, daß derartige Fälle von konkretem forstlichen Interesse sind:

Eine mehrere Hektar große 3jährige Eichensaat wurde vor dem Austrieb (Ende März) mit einer Tankmischung aus zwei Herbiziden und einem Insektizid gegen Unkraut und "Strophosomus" behandelt (Tankmischung 5 kg Dalapon/6 kg 2,4,5–T–Salz/0,1 % Lindan pro Hektar). Das Schadbild an den Eichen: Flächenhaftes Ausbleiben des Austriebs, Anfang Juli Wurzelverdickungen und Rindenschäden. Auffällig war das uneinheitliche Bild der Schlagflora (Epilobium, Senecio, Rubus): teils war sie total geschädigt, teils völlig intakt. Die Eichen fielen auch inmitten der nicht geschädigten Kräuter reihenweise aus.

Das Fazit: ein extrem uneinheitliches Schadbild mit schwer erklärbaren, aber unterschiedlichen Effekten an Unkraut und Forstpflanze (SCHÜTT, 1975).

BODEN– UND GRUNDWASSERKONTAMINATION

Abbau von Herbiziden in Böden (HURLE, 1982)

Sobald ein Herbizid mit dem Boden in Berührung kommt, unterliegt es den verschiedensten witterungsbedingten und bodenabhängigen Faktoren, die bewirken, daß das Herbizid schneller oder langsamer abgebaut wird. Der Abbauprozeß verläuft für jede Verbindung individuell und führt zu unterschiedlichen Abbauprodukten. Selbst eine bestimmte Verbindung kann, je nach den auf sie einwirkenden Faktoren, auf unterschiedliche Weise abgebaut werden und zu verschiedenen Abbauprodukten führen.

Die hohe Anzahl der für den Abbau der Herbizide verantwortlichen Variablen, das komplexe Zusammenwirken all dieser Faktoren sowie das Zusammentreffen mehrerer Herbizide im Boden erschweren gesicherte Aussagen über das Verhalten von Pflanzenschutzmitteln im Boden.

Grundsätzlich stellt DOMSCH (1992) fest, daß die "Datenlage" neuerer Wirkstoffe bei den Herstellern und der Zulassungsbehörde "vielfach sehr viel besser als in der wissenschaftlichen Literatur" ist.

Einige den Herbizidabbau beeinflussende Faktoren

Bodentemperatur

Die Abbaugeschwindigkeit von Herbiziden im Boden ist in hohem Maße von der Bodentemperatur abhängig. Die optimale Bodentemperatur für die Stoffwechselaktivität von Bodenorganismen liegt bei etwa 35 – 40 °C. Bei Temperaturen unterhalb des Gefrierpunktes kommt der Stoffwechsel der meisten Arten zum Stillstand. Die Temperatur beeinflußt auch das Sorptionsgleichgewicht und somit die Verfügbarkeit einer Verbindung für Abbaureaktionen. Je höher die Temperatur ist, desto weniger wird sorbiert. Bei niedrigen Temperaturen mit verminderter mikrobieller Tätigkeit wird der Abbauprozeß durch erhöhte Sorption zusätzlich gebremst.

Bei der Sommerapplikation erfolgt der Herbizidabbau im Vergleich zur Winterapplikation bedeutend schneller, und zwar ca. um das 3fache (DOMSCH, 1992).

Sonnenlicht

Herbizide können durch Bestrahlung zersetzt werden, wenn die vom Herbizidmolekül absorbierte Energie ausreicht, chemische Bindungen aufzubrechen. Das Absorptionsmaximum vieler Herbizide liegt zwischen 220 und 300 nm, während der Anteil des Sonnenlichtes unter 295 nm nur sehr gering ist. Der Anteil der photolytischen Zersetzung am Gesamtabbau kann jedenfalls als gering angesehen werden.

pH–Wert des Bodens

Der pH–Wert des Bodens beeinflußt die Abbaugeschwindigkeit von Herbiziden direkt bei Verbindungen, deren Stabilität pH–abhängig ist und indirekt über die Sorption sowie die Zusammensetzung und Aktivität der Bodenmikroflora.

Die **Hydrolyse** spielt bei chemischen Abbaureaktionen im Boden die größte Rolle. Die Hydrolysegeschwindigkeit hängt neben der chemischen Struktur des Herbizids noch sehr wesentlich vom pH–Wert des Bodens ab. Durch die hydrolytische Spaltung verlieren viele Präparate ihre phytotoxische Wirkung.

Herbizide mit alkalischem Charakter werden relativ leicht an Tonminerale und die organische Substanz sorbiert, während sauer reagierende Mittel bei saurer Bodenreaktion als undissoziierte Moleküle schwach sorbiert werden. Die Sorption von Verbindungen mit neutralem Charakter ist weitgehend pH–unabhängig.

Basisch reagierende Herbizide sind wegen der starken Sorption in sauren Böden persistenter als in alkalischen. Verbindungen mit saurem Charakter zeigen wegen geringer Sorbierbarkeit dieses Verhalten nicht.

Sorption
Durch die Sorption wird ein Teil des dem Boden zugeführten Herbizids der Bodenlösung entzogen. Das Ausmaß der Sorption hängt von den physiko–chemischen Eigenschaften des Herbizids und den im Boden vorhandenen Sorbentien (organische Substanz, Humin– und Fulvosäuren, Tonminerale, Sesquioxide) ab. Das sich einstellende Sorptionsgleichgewicht hängt ab vom Wassergehalt, dem pH–Wert und der Bodentemperatur.

Der Einfluß der Sorption auf die Abbaugeschwindigkeit wurde anhand von Atrazin und DNOC (Dinitrokresol), die einem unterschiedlichen Abbautyp angehören (Atrazin => cometabolisch/chemisch, DNOC => metabolisch) geprüft. Im Versuch zeigte sich deutlich die Abhängigkeit des Abbaus von der Sorption, d.h. vermehrte Sorption bedeutet langsameren Abbau. Der langsamere Abbau wird durch verminderte Verfügbarkeit der Herbizide für Abbaureaktionen verursacht.

Herbizidkonzentration
Kenntnisse darüber, ob und in welchem Ausmaß die Abbaurate eines Herbizids konzentrationsabhängig ist, können wertvolle Hinweise für die Beurteilung der Persistenz solcher Verbindungen liefern, die nur wenig ausgewaschen werden und zum überwiegenden Teil in den obersten Bodenschichten verbleiben. Weiters geben sie Aufschluß über die Abbaubarkeit von Spritzbrühresten, die zu sehr hohen Wirkstoffkonzentrationen im Boden führen können.

Für cometabolisch/chemisch abbaubare Verbindungen wurde mehrfach nachgewiesen, daß die eingesetzte Herbizidkonzentration die Abbaurate beeinflußt. Diese nimmt in der Regel mit zunehmender Dosierung ab.

Metabolisch abbaubare Verbindungen sind hingegen noch kaum erforscht. In Studien mit 2,4–D und DNOC wurde festgestellt, daß mit steigender Herbizidkonzentration die Latenzphase verlängert wird, während die Abbauphase weitgehend unbeeinflußt bleibt. Der Grund für den verlangsamten Abbau dürfte in der konzentrationsabhängigen Hemmung bzw. der toxischen Wirkung auf die Bodenmikroflora liegen.

Wiederholte Behandlung
Besonders für Bodenherbizide stellt sich die Frage, ob und wie intensiv sich wiederholte Behandlungen auf die Abbaubarkeit eines Herbizids auswirken. Eine Verkürzung der Abbauzeit würde die Effektivität der Maßnahmen verringern, eine Verlängerung könnte zu Schwierigkeiten beim Nachbau empfindlicher Kulturen führen.

Bei metabolisch abbaubaren Verbindungen führte ein mehrmaliger Einsatz auf derselben Fläche zu einem beschleunigten Abbau. Dieses Phänomen konnte bei cometabolisch/chemisch abbaubaren Verbindungen nicht festgestellt werden.

Pestizidkombinationen
Pestizidkombinationen in Form von Mischpräparaten oder Spritzfolgen werfen die Frage nach eventuellen Auswirkungen auf die Abbaubarkeit der einzelnen Verbindungen auf.

Kombinationen von metabolischen und cometabolisch/chemischen Verbindungen mit anderen Herbiziden, Fungiziden oder Insektiziden zeigten, daß der Abbau entweder gleich blieb oder beschleunigt bzw. verzögert wurde. Bei Abbauverzögerung spielte die Konzentration des jeweiligen Partners eine bedeutende Rolle. Bei metabolisch abbaubaren Verbindungen wurde der verlangsamte Abbau durch eine verlängerte Latenzphase verursacht. Jeweils verringert wurde die Abbauphase bei den cometabolisch/chemisch abbaubaren Verbindungen.

Nachwirkungszeit von Herbiziden im Boden

Wirkstoff (Präparat)	*Aufwandmenge kg oder l/ha*	*Nachwirkungszeit in Monaten*
Amitrol (Weedar Ata–TL)	*20*	*3*
Atrazin (Gesaprim)	*3 (10)*	*5 – 7 (15)*
Chlorthiamid (Prefix)	*120*	*5 – 7*
Cyanazin (Bladex)	*4 – 6*	*4*
Dichlobenil (Casoron)	*120*	*5 – 7*
Fosamin (Krenite)	*5 – 10*	*1/4 – 1/2*
Glyphosate (Roundup)	*3 – 12*	*1/4 – 1/2*
Hexazinon (Velpar)	*1,5 – 5*	*1/4 – 1/2*
HCPB	*5*	*1 1/2*
Oxyfluorfen (Goal 2 E)	*1 – 4*	*1*
Simazin (Gesatop 50)	*4 (10)*	*5 – 7 (15)*
Trichlopyr (Garlon 4)	*4*	*3*
Trifluralin (Elancolan)	*2,5*	*6 – 8*
2,4–D	*1*	*1 1/2*

Quelle: "Richtlinien für die Pflanzenschutzarbeit", Bundesanstalt für Pflanzenschutz, 1990

Beeinflussung der Grundwasserqualität durch Pflanzenschutzmittel

Der Pflanzenschutzmitteleinsatz im Wald muß u.a. unter dem Aspekt einer möglichen Trinkwassergefährdung betrachtet werden, insbesondere, wenn es sich um Bannwälder zur Sicherung eines Wasservorkommens (Forstgesetz 1975, § 27, Abs. 1, lit. d.) bzw. um Standorte in unmittelbarer Umgebung von Quellen oder Gewässern handelt.

Unter den vielfältigen Gefahren für die Grundwasserqualität ragt die Landwirtschaft insbesondere durch den hohen, flächenhaften Dünge– und Pflanzenschutzmitteleinsatz heraus. In der Forstwirtschaft kommt neben dem Pflanzenschutzmitteleinsatz (der im Vergleich zur Landwirtschaft wesentlich geringer ist) auch der Belastung des Bodens durch Treibstoffe und Schmiermittel (z. B. Sägekettenöl) große Bedeutung zu, wobei diese Situation durch die Verordnung über das Verbot bestimmter Schmiermittelzusätze und die Verwendung von Kettensägenölen, BGBl. Nr. 647/1990 entschärft wurde. Die Ausbringung von Pflanzenschutzmitteln ist jedoch insofern eine Besonderheit, da es sich um biologisch hochaktive Stoffe handelt.

Die herausragende Bedeutung des Grundwassers beruht auf der Tatsache, daß 99 % der österreichischen Trinkwasserversorgung auf die Nutzung unterirdischen Wassers entfallen.

Gewässerschutz in der Gesetzgebung

Trinkwasser–Pestizidverordnung BGBl. Nr. 448/1991

Toxikologische Untersuchungen haben zunehmend Erkenntnisse über eine mögliche Gefährdung der menschlichen Gesundheit durch Pestizide, die auch im Trinkwasser vorkommen können, erbracht. Es ist hervorzuheben, daß die Gefährdung fast stets auf chronisch toxischen Eigenschaften der Stoffe beruht. Die Bewertung des Gesundheitsrisikos beruht daher international, so auch durch die WHO, unter Zugrundelegung einer lebenslangen Zufuhr eines Stoffes.

Es ist ein vordringliches Anliegen der Verbraucher, Trinkwasser zu erhalten, das keiner Belastung durch Schadstoffe anthropogenen Ursprungs, so auch durch Pestizide, unterliegt.

Die Trinkwasser–Pestizidverordnung basiert so wie die Trinkwassernitratverordnung auf § 10 Abs. 1 LMG 1975. Ziel dieser Verordnung ist es, ein von Pestiziden freies Trinkwasser zu erreichen und es auch künftig von Pestiziden freizuhalten (§ 1 Abs. 1).

§ 2 Abs. 1 verbietet Trinkwasser in Verkehr zu bringen, das einen höheren Gehalt an Pestiziden aufweist, als im folgenden Stufenplan angegeben ist:

1. ab dem der Kundmachung dieser Verordnung folgenden Tag (21. August 1991)
   a) 0,03 µg Aldrin und Dieldrin, insgesamt als Dieldrin pro Liter
      0,1 µg Chlordan pro Liter
      0,1 µg Heptachlor und Heptachlorepoxid, insgesamt als Heptachlor pro Liter
      0,01 µg Hexachlorbenzol pro Liter
   b) 2,0 µg Atrazin pro Liter
2. ab 1. Jänner 1993:
   0,5 µg Atrazin pro Liter
   0,3 µg Alachlor pro Liter
3. ab 1. Juli 1994:
   0,1 µg für jedes nicht in Z1 lit. a genannte Pestizid pro Liter, ausgenommen Atrazin
4. ab 1.Juli 1995:
   0,1 µg Atrazin pro Liter

Die Festlegung der Höchstwerte ist unter dem Gesichtspunkt des vorbeugenden Gesundheitsschutzes zu sehen, wobei diese Höchstwerte einen Sicherheitsabstand zu einer etwaigen konkreten Gesundheitsgefährdung inkludieren.

Falls ein in Abs. 1 genannter Wert überschritten wird, muß der Betreiber unverzüglich die Untersuchung einer Nachprobe veranlassen.

§ 3 Abs. 1 bestimmt, daß Betreiber von Trinkwasserversorgungsanlagen, das Trinkwasser bis spätestens

1. 1. Juli 1992 auf die in § 2 Abs. 1 Z1 und 2 genannten Pestizide
2. 1. Juli 1993 auf die in der Anlage genannten Pestizide untersuchen lassen müssen.

Wenn der Landeshauptmann Grund zur Annahme hat, daß in Wassereinzugsgebieten verwendete Pestizide zu einer Belastung des Trinkwassers führen, so hat er gemäß § 4, abweichend vom § 3 die unverzügliche Untersuchung auf diese Pestizide anzuordnen.

Diese Bestimmung legitimiert die Behörde, die in § 3 genannten Fristen herabzusetzen, wenn z. B. für gewisse Trinkwasserversorgungsanlagen die Belastung durch Pestizide bekannt ist.

Nach § 5 kann der Landeshauptmann in § 2 Abs. 1 Z1 und 2 oder in der Anlage genannte Pestizide von den Untersuchungen gemäß § 2 ausnehmen, von denen mit hinreichender Sicherheit bekannt ist, daß sie im Wassereinzugsgebiet nicht angewendet werden und nicht angewendet worden sind. Pestizide, von denen bekannt ist, daß ihr Auftreten im Trinkwasser aufgrund der örtlichen Situation der Wasserspender nicht befürchtet weden muß, können ebenfalls von der Untersuchung ausgenommen werden.

Dieser Paragraph ist unter dem Blickwinkel zu sehen, daß durch die Behörde die Untersuchungen des Trinkwassers auf jene Stoffe eingeschränkt werden, die im Wassereinzugsgebiet eingesetzt werden oder eingesetzt worden sind, wobei das Abbauverhalten der Stoffe zu berücksichtigen ist.

Die Bestimmungen der §§ 3 und 5 sollen eine gezielte Festlegung über den Zeitrahmen und den Umfang von Untersuchungen ermöglichen. Es soll auf jene Stoffe untersucht werden, die im Wassereinzugsgebiet tatsächlich eingesetzt werden. Auch die Aufteilung der namentlich genannten Stoffe auf drei Anlagen zielt auf die Untersuchungsökonomie ab.

Wasserspender können von den Untersuchungen ausgenommen werden, wenn unter Bedachtnahme auf die hydrogeologischen Gegebenheiten sichergestellt ist, daß eine Belastung durch Pestizide auszuschließen ist. Die §§ 4 und 5 sollen sicherstellen, daß die Untersuchungen in ihrem Umfang den tatsächlichen Gegebenheiten angepaßt, duchgeführt werden.

Bei Bekanntwerden jedweder Überschreitung der Höchstwerte sieht § 6 Abs. 1 eine Information des Bürgermeisters der betroffenen Gemeinde und eine Information des Amtsarztes bei der Bezirksverwaltungsbehörde durch den Betreiber der Trinkwasserversorgungsanlage vor. Abs. 2 regelt die Erstellung eines Sanierungskonzeptes.

Darüberhinaus sind bei der Überschreitung von Höchstwerten gemäß Abs. 2 zumindest halbjährlich Folgeuntersuchungen durchzuführen.

Diese Regelung ist deshalb sinnvoll, da bekannt ist, daß das Trinkwasser in manchen Regionen Österreichs durch Pestizide belastet ist.

§ 7 regelt die Informationspflicht des Betreibers einer Trinkwasserversorgungsanlage gegenüber dem Verbraucher über die Beschaffenheit des Trinkwasses bezüglich der Kontamination mit Pestiziden.

In die Anlage der Verordnung wurden bevorzugt Pestizide aufgenommen, deren Vorkommen im Trinkwasser in Österreich oder in anderen Ländern bekannt ist.

Wasserrechtsgesetz 1959, BGBl.Nr. 215/1959 i.d.F. der Wasserrechtsgesetz–Novelle 1990 – WRG–Novelle 1990 vom 25.4.1990, BGBl.Nr. 252/1990

§ 30 (1) Alle Gewässer einschließlich des Grundwassers sind im Rahmen des öffentlichen Interesses und nach Maßgabe der folgenden Bestimmungen so reinzuhalten, daß die Gesundheit von Mensch und Tier nicht gefährdet, Grund– und Quellwasser als Trinkwasser verwendet, Tagwässer zum Gemeingebrauche sowie zu gewerblichen Zwecken benutzt, Fischwässer erhalten, Beeinträchtigungen des Landschaftsbildes und sonstige fühlbare Schädigungen vermieden werden können.

Erkenntnisse über das Auftreten von Pflanzenschutzmitteln in Grundwässern

Auf Basis der Wassergüteerhebungsverordnung, BGBl.Nr. 338/1991 wird seit Ende 1991 bzw. Anfang 1992 die Erhebung der Grundwassergüte in Österreich systematisch durchgeführt.

Im ersten Untersuchungszeitraum waren u.a. insgesamt 17 Pflanzenschutzmittel Wirkstoffe (bzw. Metabolite) Gegenstand der Untersuchungen. Die Wirkstoffe waren aus der Gruppe der Triazine, der Phenoxyalhankarbonsäuren sowie Alachlor und Metolachlor.

Österreichweit wurde Desethylatrazin am häufigsten noch vor Atrazin in Konzentrationen über 0,1 µg/l nachgewiesen. An dritter Stelle liegt Desisopropylatrazin. Die anderen Wirkstoffe haben bei den ersten drei Beobachtungsdurchgängen nur vereinzelt auf. Die Ergebnisse wurden im Bericht "Wassergüte in Österreich – Jahresbericht 1993" (WASSERWIRTSCHAFTSKATASTER/UMWELTBUNDESAMT, 1993) veröffentlicht.

Die Daten der Wassergüteerhebung stellen eine wesentliche Grundlage für den Vollzug der Grundwasserschwellenwertverordnung (GSwV) dar – d.h. Festlegung von Sanierungsgebieten durch den Landeshautpmann.

Werden in einem Grundwassergebiet die in der GSwV festgelegten Schwellenwerte nicht nur vorübergehend überschritten, hat der Landeshauptmann mit Verordnung den betreffenden Bereich als Grundwassersanierungsgebiet zu bezeichnen (§ 33 f Abs. 2 WRG i.d.F. WRG–Novelle 1990).

Für die Verordnung durch den Landeshauptmann muß allerdings das Auslaufen des in der GSwV §3 (3) angeführten Beobachtungszeitraumes von zwei Jahren abgewertet werden.

Offene Fragen

Obwohl der gegenwärtige Stand der wissenschaftlichen Methoden zur Abschätzung von Risiken für Boden und Grundwasser schon relativ hoch ist, gibt es noch eine Reihe offener Fragen, die Gegenstand intensiver Forschung sein müßten, um ein zuverlässiges Urteil über potentielle Risiken (besonders Langzeitwirkungen) fällen zu können:

- Ungeklärt ist die Problematik der kumulativen Effekte, die bei gleichzeitiger oder aufeinanderfolgender Anwendung von zwei verschiedenen Herbiziden oder gleichzeitiger oder nacheinanderfolgender Anwendung von Herbiziden mit Fungiziden oder anderen Pflanzenschutzmitteln auftreten können. Auch wenn bisher bei mehrjähriger Applikation einzelner Herbizide keine Anreicherungseffekte in Böden beobachtet werden konnten, wäre dies bei einer Kombinationsapplikation denkbar, zumal aus Versuchen Wirkungen bekannt sind, in denen ein Herbizid die mikrobielle Abbauintensität im Boden für ein anderes Herbizid herabgesetzt hat. Ferner sind Reaktionen zwischen den Metaboliten verschiedener Wirkstoffe möglich, die zu komplexen Rückständen führen können.

- Offen ist weiters die Frage, ob die Sorption von Pflanzenschutzmitteln an Tonminerale oder Humusbestandteile immer reversibel ist, denn nur dann wäre ein vollständiger Abbau möglich. So haben WALLNÖFER, ENGELHARDT und ZIEGLER (1980) darauf hingewiesen, daß aromatische Endmetaboliten von Pflanzenschutzwirkstoffen mit ihren funktionalen Gruppen (OH bzw. NH_2) echte chemische Bindungen mit organischen Bodenbestandteilen einzugehen vermögen, weshalb ein irreversibler Einbau in den hochmolekularen Humuskomplex vermutet wird. Sollte sich diese Hypothese bewahrheiten, so ließe sich nicht mehr unterstellen, daß jeder organische Wirkstoff total abgebaut und dadurch aus dem Boden eliminiert wird.

- Bei Fragen der Grundwasserkontamination muß bedacht werden, daß “Rückstandsfreiheit” ein relativer, von der Rückstandsanalytik abhängiger Begriff ist. Mit zunehmender Verfeinerung der Analysenmethoden wird immer seltener die Aussage “rückstandsfrei” getroffen werden können. “Die Rückstandsfreiheit heute kann sich bereits morgen zu einem Umweltskandal mit dreistelligem Rückstand im ppt–Bereich wandeln.” (GORBACH, 1982). Dann wird auch das Trinkwasser nicht mehr rückstandsfrei sein. Darauf muß man sich durch rechtzeitige Erarbeitung von Höchstmengen und technischen Richtkonzentrationen einstellen, wofür sorgfältig kalkulierte human– und ökotoxikologische Kriterien und nicht die gerade noch möglichen analytischen Nachweisgrenzen maßgebend sind.

IN DER FORSTWIRTSCHAFT ANGEWENDETE HERBIZIDE

Mitte der 70er bis Anfang der 80er Jahre, wo wirtschaftlicher Aufschwung noch weit vor ökologischem Verantwortungsbewußtsein rangierte, war der Herbizideinsatz auch in der Forstwirtschaft ein heiß diskutiertes Thema zur Kulturvorbereitung auf großen vergrasten und verkrauteten Kahlschlagflächen und zur Eliminierung von unerwünschter Konkurrenzvegetation der Forstpflanzen.

Nach dem Erkennen, daß langfristig betriebswirtschaftliche Sicherheit nur durch stabile Ökosysteme gewährleistet werden kann und sich wirtschaftlich unerwünschte Mischbaumarten und Sträucher als ökologischer Stabilitätsfaktor mehrfach rechnen, wurden diese Maßnahmen zusehends unpopulärer.

Von Bedeutung sind Herbizide allerdings nach wie vor in Forstgärten und forstlichen Auspflanzungen.

Im folgenden werden zugelassene und nicht mehr zugelassene Herbizide, ihre Wirkungenund die für die Forstwirtschaft (seitens der Hersteller) empfohlenen Anwendungsbereiche angeführt.

Fosamine (für die Anwendung im Forst zugelassenes Handelsprodukt: Krenite)

Mit Krenite steht der Forstwirtschaft seit 1975 ein Präparat für die Hemmung und Ausschaltung unerwünschter Holzpflanzen zur Verfügung, das die Phenoxyessigsäureprodukte weitgehend verdrängt hat. Damit werden auch nicht oder nur schwer bekämpfbare Baumarten erfaßt (z. B. Buche, Weide, Esche, Eberesche, Traubenkirsche) deren Erhalt aus ökologischer und landschaftspfleglicher Sicht durchaus wünschenswert ist.

Krenite bewirkt durch baumartenspezifische Abstufung der Aufwandsmenge entweder eine völlige Ausschaltung von forstlich unerwünschten Holzgewächsen oder kann eine über Jahre andauernde Wuchshemmung entfalten. In den Kulturen verbleibt für ein bis drei Jahre ein aufgelichteter, jedoch nicht verdämmender Bewuchs als Schutz gegen Wind und starke Sonneneinstrahlung.

Fosamine ist das Ammoniumsalz der Äthylcarbomylphosphonsäure. Die Verbindung wird im Boden absorbiert und von Mikroorganismen rasch abgebaut.

Umweltverhalten und Wirkung

Krenite wird in Aufwandsmengen bis zu 10 l/ha als bienenungefährlich eingestuft.

Das Präparat wirkt nur über die grüne Blattmasse, ausgebracht zwischen Ende August bis Anfang Oktober. Da Krenite keine Boden- und Dampfwirkung besitzt, hängt der Bekämpfungserfolg von einer sorgfältigen Benetzung der Blattmasse ab.

Die zugelassene Aufwandsmenge im Forst beträgt 5 l/ha. Bei selektivem Einsatz von Krenite in Nadelholzkulturen sollen die Jahrestriebe weitgehend verholzt sein. Unmittelbar nach der Behandlung treten unmerkliche Blattaufhellungen auf. Die Wirkung wird erst im darauffolgenden Frühjahr sichtbar und es zeigen sich je nach Aufwandsmenge, Benetzungsgrad sowie Empfindlichkeit der Pflanze verschiedenartige Wirkungsbilder.

Leicht bekämpfbare Arten beginnen von den Triebspitzen her abzusterben. Schwerer zu bekämpfende Gehölze stellen das Längenwachstum ein und bilden hellgrüne, kümmernde

Minderaustriebe. Die Pflanzen sterben im zweiten oder dritten Jahr nach der Behandlung langsam ab. Gräser und Kräuter bleiben bei dieser Behandlung erhalten.

Waldbauliche Anwendung

Viele Forstkulturen, besonders an sonnseitigen Standorten, benötigen für ihr optimales Gedeihen ein gewisses Maß an Beschattung oder Seitenschutz. Wird die Überschattung jedoch zu stark, kümmern die Kulturpflanzen und bleiben somit länger der Frost– und Wildverbißgefahr ausgesetzt.

Der oftmals hervorgehobene Vorteil von Krenite liegt in der Möglichkeit einer "Wuchshemmung nach Maß".

Spritzen und Sprühen sind als Ausbringungsverfahren gleichermaßen möglich. Entscheidend für den "Erfolg" ist eine gute Benetzung der zu bekämpfenden Pflanzen.

► **Glyphosate** (für die Anwendung im Forst zugelassenes Handelsprodukt: Roundup)

Ähnlich Krenite kann Roundup, je nach Aufwandsmenge, nicht nur zur Ausschaltung, sondern auch zur Wuchshemmung unerwünschter Pflanzen verwendet werden. Es läßt sich sowohl zur Kulturvorbereitung auf unbepflanzten Flächen, als auch in Nadelholzkulturen im Herbst einsetzen. Roundup ist ein systemisches, nicht selektives Blattherbizid.

Glyphosate ist wie Fosamine eine organische Phosphor–Verbindung. Die Herstellung von Glyphosate erfolgt durch Umsetzung von Chlormethylphosphorsäure mit Glycin.

Umweltverhalten und Wirkung

Glyphosate wirkt vor allem gegen tiefwurzelnde Unkräuter. Es hemmt die Biosynthese der Aminosäuren in den Pflanzenteilen. Die Synthese der aromatischen Aminosäuren ist für Pflanzen sowohl für die Proteinbildung als auch als Vorstufe wichtiger sekundärer Pflanzenstoffe von großer Bedeutung.

Als Blattherbizid wird das Mittel nur von grünen Pflanzenteilen aufgenommen und mit Hilfe des Saftstromes in der gesamten Pflanze, einschließlich der Wurzeln verteilt.

Der Abbau von Roundup im Boden erfolgt mikrobiell. Durch intensive Sorption an Tonminerale (Ton–Humus–Komplexe) ist die Auswaschung des Mittels sehr gering.

Das Wirkungsspektrum reicht von Gräsern, Kräutern, Sträuchern bis zu Stockausschlägen und Adlerfarn.

Waldbauliche Anwendung

Roundup wird wegen seines breiten Wirkungsspektrums in vielfältiger Weise eingesetzt:

- **Reihenspritzverfahren in Laub– und Nadelholzkulturen**

  Dieses Verfahren wird in Forstkulturen mit Reihenabständen > 2 m durchgeführt, was eine gezielte Freistellung der Pflanzenreihen bewirkt.

  Die Vorteile werden im geringen Herbizidverbrauch/ Flächeneinheit, den geringen Schäden an Kulturpflanzen und der minimalen Beeinflussung des Biotops gesehen. Das Mittel wird mit 3 l/ha im Spritzverfahren zwischen Mitte Mai und Mitte Juni ausgebracht. Wegen der guten Ableitung des Präparats in die Wurzeln wird eine Freistellung der Kulturpflanzen bis in den Herbst gewährleistet.

- **Herbstanwendung in Nadelholzkulturen**

  Bei Pflanzenreihenabständen von weniger als 2 m wird Roundup auch ganzflächig eingesetzt. Lärchenkulturen dürfen nicht behandelt werden.

  Das Mittel wird gegen Ende der Vegetationszeit vor allem in die Wurzeln transportiert und wirkt deshalb langfristig (die ganze folgende Vegetationszeit).
- **Kulturvorbereitung**

  Besonders auf wüchsigen Standorten, wo üppiger Gras– und Sträucherbewuchs die Aufforstung erschweren. Dieses Problem ergibt sich zum Teil auf verwildertem Brachland und größeren Kalamitätsflächen, die längere Zeit unbestockt blieben. Am längsten hält die Wirkung bei Spätsommerbehandlung (August/September) an. Aus ökologischer Sicht problematisch ist, daß Sträucher und Laubholz–Mischbaumarten (z. B. Esche, Eiche, Faulbaum) zwar im Frühjahr noch schwach austreiben, aber im Laufe des Jahres absterben. Als Aufwandmenge werden 5 l/ha angegeben.
- **Adlerfarnbekämpfung**

  Da Roundup gut in die Wurzeln transportiert wird, muß vor allem der Anwendungszeitpunkt und die Aufwandmenge richtig gewählt werden. Als beste Anwendungszeit gilt der Zeitraum zwischen Mitte Juli und Ende September. Die Farnwedel müssen ganz entrollt sein und dürfen noch keine Herbstvergilbung zeigen. Die Aufwandmenge liegt ebenfalls bei 5 l/ha.

▶ **Hexazinone** (für die Anwendung im Forst zugelassene Handelsprodukte: Velpar, Forstgranulat Avenarius)

Velpar wird als Blatt– und Bodenherbizid gegen unerwünschten und verdämmenden Bewuchs in Nadelholzkulturen eingesetzt. Durch die kombinierte Wirkung über Blatt und Boden wird der "behindernde Bewuchs" rasch erfaßt und große Witterungsunabhängigkeit gewährleistet.

Velpar wirkt als Photosynthesehemmer. Für das Präparat Velpar ist im Amtlichen Pflanzenschutzmittelverzeichnis 1993 die Einstufung (Xn ... mindergiftig) und die Kennzeichnung mit den R–Sätzen 20 und 41 (R 20 ... gesundheitsschädlich beim Einatmen, R 41 ... Gefahr ernster Augenschäden) angeführt.

Wirkung und Waldbauliche Anwendung

Da die Aufnahme des Wirkstoffes hauptsächlich über die Wurzeln erfolgt, kann das Mittel bereits bei beginnendem Wurzelwachstum der Unkräuter ohne oberirdisches Blattgrün eingesetzt werden. Die Anwendungszeit im Frühjahr erstreckt sich von Vegetationsbeginn bis kurz nach Austrieb der Nadelhölzer. Lärche und Strobe dürfen nach Empfehlung des Herstellers nicht behandelt werden.

▶ **Dichlobenil** (für die Anwendung im Forst zugelassenes Handelsprodukt: Casoron G)

Casoron G wird vorwiegend wegen seines breiten Wirkungsspektrums und der einfachen Applikation als Granulat eingesetzt. Die empfohlene Menge beträgt 40 kg/ha.

Das Präparat besitzt eine sehr geringe Wasserlöslichkeit und einen hohen, mit steigender Temperatur zunehmenden Dampfdruck.

Dichlobenil wird von der Pflanze hauptsächlich über Sprosse, Rhizome und Wurzeln, weniger über die Blätter aufgenommen. Lediglich in Dampfform erfolgt die Aufnahme primär über die Blätter. In der Pflanze wirkt das Mittel als starker Wachstumshemmer auf Sprosse, Rhizome und Triebe sowie keimende Samen.

Dalapon

Durch die Pflanzenschutzmittelverbotsverordnung, BGBl. Nr. 97/1992 sind das Herstellen, das Inverkehrsetzen und die Verwendung von Dalapon ab 20. Februar 1992 verboten.

Dalapon gehört zu den Wirkstoffen, die aufgrund ihrer hohen Mobilität im Boden zu einer Verunreinigung des Grund– bzw. Trinkwassers führen können.

Umweltverhalten und Wirkung

Dalapon (ehemaliges Handelsprodukt Dowpon) blockiert in den Pflanzen die Synthese wichtiger Aminosäuren und verursacht eine Eiweißfällung.

Dalapon wird über Blätter, Sprosse und Wurzeln in gleicher Weise von der Pflanze rasch aufgenommen. Die herbizide Wirkung setzt verzögert, etwa vier Wochen nach der Behandlung, langsam als Wuchshemmung an den Vegetationspunkten ein. Besonders bei Gräsern, aber auch anderen Pflanzen, kann die Knospenbildung entscheidend behindert werden.

Bei längerer Einwirkung auf die Haut führt Dowpon–Granulat zu Hautreizungen. Bei Kontakt mit den Augen sind akute Schleimhautreizungen die Folge.

Waldbauliche Anwendung

Die Anwendung erfolgte bei Vergrasung von Kahlflächen vor der Wiederaufforstung oder in Altbeständen zur Erleichterung der Naturverjüngung.

Wirkstoffgemisch Dalapon und Dichlobenil

Durch die Pflanzenschutzmittelverbotsverordnung, BGBl. 97/1992 sind das Inverkehrsetzen und die Verwendung von Dalapon ab 20. Februar 1992 verboten.

Das bis vor kurzem noch zugelassene Handelsprodukt Fydulan war ein Präparat zur Bekämpfung von Mischverunkrautung aus grasartiger und krautiger Unkrautflora. Da das Mittel zwei Wirkstoffe enthielt, die sich gegenseitig ergänzten, besaß es ein ausgesprochen breites Wirkungsspektrum.

Fydulan enthielt 7 % Dichlobenil und 10 % Dalapon.

Für den Menschen gingen bei der Anwendung von Fydulan dieselben Gefahren aus wie bei Dowpon (siehe Kap. 3.5).

Waldbauliche Anwendung

Fydulan wurde in Forstkulturen in einer Menge von 40 kg/ha eingesetzt. Pflanzenschäden traten durch Dosierungsfehler auf, die sich als Wurzelhalsverdickung und Entnadelung der Triebenden bemerkbar machten. Kiefer reagierte empfindlicher als Fichte.

Wirkstoffgemisch Atrazin + Cyanazin (für die Anwendung im Forst zugelassenes Handelsprodukt: Bladazin)

Bladazin besitzt eine große Wirkungsbreite. Die in Bladazin enthaltene Wirkstoffkombination **Atrazin** und **Cyanazin** erfaßt nahezu alle Grasarten sowie einen Großteil der ein– und mehrjährigen Schlagunkräuter. Dies ermöglicht, die häufig vorkommende Mischverunkrautung in Kulturen radikal zu erfassen (Atrazin ist ein Totalmittel in Kombination mit anderen Herbiziden).

Durch die Pflanzenschutzmittelverbotsverordnung, BGBl. Nr. 97/1992 sind das Inverkehrsetzen und die Verwendung von Atrazin ab 1. Jänner 1994 verboten und somit auch Zubereitungen, die Atrazin enthalten.

Das Verbot von Atrazin liegt in seiner vielfach nachgewiesenen Grundwasserkontamination und Trinkwasserverunreinigung begründet. Der Wirkstoff weist, wenn er einmal in den Grundwasserhorizont gelangt ist, eine außerordentlich hohe Persistenz auf.

Im Amtlichen Pflanzenschutzmittelverzeichnis 1992 ist für das Präparat Bladazin eine Einstufung (Xn ... mindergiftig) und eine Kennzeichnung mit den R–Sätzen (R 20/21/22 ... gesundheitsschädlich beim Einatmen, Verschlucken und Berührung mit der Haut) angeführt.

Herbizide auf 2,4–D– und 2,4,5–T–Basis

Im Wald wurden diese Wuchsstoffherbizide vor allem zur Bekämpfung unerwünschter verholzter Pflanzen eingesetzt (z. B. Erle, Birke, Buche).

Durch die Pflanzenschutzmittelverbotsverordnung BGBl. Nr. 97/1992 sind das Inverkehrsetzen und die Verwendung von 2,4,5–T seit 20. Februar 1992 verboten.

Das Verbot von 2,4,5–T liegt einerseits in seiner möglichen Verunreinigung mit hochgiftigem Tetrachlordibenzo–dioxin (TCDD) andererseits in der guten Mobilität des Wirkstoffes im Boden und der damit zusammenhängenden möglichen Grundwasserkontamination begründet.

Die Toxizität von TCDD bewirkt Leber– und Nierenschäden, Hautnekrosen und Veränderungen der Lymphgefäße. Teratogene Wirkungen sind ebenfalls nicht auszuschließen.

Die Anwendung von 2,4,5–T in der Forstwirtschaft birgt vor allem die Gefahr in sich, daß beim Verbrennen von Holz, das mit 2,4,5–T–Wuchsstoff besprüht worden ist, TCDD durch Pyrolyse neu entsteht.

Entwicklung der 2,4,5–T–Produktion

Bereits um 1940 wurden einige Chlorphenoxyessigsäure–Verbindungen (2,4–D) entwickelt, die sich durch herbizide Wirkung auf zweikeimblättrige Pflanzen auszeichneten. Etwa zwei Jahre später entwickelte man den Wirkstoff 2,4,5–T mit besonders guter Wirkung auf holzige Gewächse, weshalb dieses Mittel besonders für den Einsatz in der Forstwirtschaft geeignet schien.

Traurige Berühmtheit erlangten diese Mittel wegen ihres militärischen Einsatzes durch die britische Armee in Malaysia (1950) und die US–Luftwaffe in den 60er Jahren im Vietnamkrieg. Das in Vietnam zur Entlaubung des Dschungels eingesetzte "Agent Orange", ein mit Dioxinen verunreinigtes Gemisch aus 2,4–D und 2,4,5–T, bewirkte die Erkrankung von vielen tausend Vietnamesen und rund 20.000 US–Soldaten, die später gegen den Hersteller Dow Chemicals prozessierten.

Noch 1982/83 wurde eine auf 2,4–D und 2,4,5–T Herbizide zurückgehende Umweltkatastrophe im Bundesstaat Para in Brasilien bekannt, welche schwerwiegende ökologische Folgen hatte.

Vor allem in Ländern der Dritten Welt werden Herbizide auf 2,4,5–T–Basis nach wie vor verwendet.

In Schweden wurde die Phenoxyessigsäure 2,4,5–T wegen der ungeklärten ökologischen Langzeitwirkungen bereits 1977 endgültig verboten.

Die größten Pestizidhersteller haben sich mittlerweile von der 2,4,5–T–Produktion zurückgezogen.

In Österreich wurden alle für die Anwendung im Forst zugelassenen Präparate auf 2,4,5–T Basis freiwillig entregistriert.

Wirkungsweise

Wuchsstoffherbizide zeigen beste Wirkung, wenn sie direkt in das Gefäßsystem eindringen können (z. B. durch die Blätter).

Sie wirken direkt auf die Zellkoordination. An den Ribosomen wird die Enzymproduktion gestört, was weitreichende Auswirkungen auf die Zellteilung und das Zellwachstum hat. Geringe Dosen stimulieren das Wachstum, während hohe Konzentrationen reduziertes oder anormales Wachstum verursachen.

Eine weitere Auswirkung der Wuchsstoffe besteht in der Störung des Gleichgewichtes zwischen Synthese und Nährstoffversorgung der Pflanze. Das führt zu einem raschen Abfall der Kohlehydratreserven in den Wurzeln und anderen Speicherorganen. Pflanzen haben in der Regel zum Zeitpunkt des Absterbens keine Nahrungsreserven mehr, d.h. die Pflanze "verhungert". Größtmögliche Wirkung weisen Wuchsstoffherbizide an Tageszeiten höchster Photosynthese auf.

Nebenwirkungen

Wuchsstoffherbizide können sich negativ auswirken, indem die Schmackhaftigkeit von giftigen Pflanzen derart gesteigert wird, daß sie von Tieren aufgenommen werden. Dies wird durch eine Veränderung des Zuckergehaltes in der Pflanze bewirkt. Andererseits können Futterpflanzen durch Anhebung des Nitratgehaltes Giftigkeit erlangen.

Teratogene Schäden beim Menschen konnten beim Einatmen sehr hoher Wirkstoffmengen beobachtet werden.

Mit Dieselöl angesetzte Sprühlösungen sind bis zu 24 Stunden bienengefährlich, ab dann erst verliert sich die bienentoxische Wirkung.

Verwendete chemische Mittel

Mittel aus der 2,4,5–T–Gruppe wurden vorwiegend zur Bestandesumwandlung (Niederwaldumwandlung) und Sanierung vernachlässigter Kulturen verwendet.

Zu den wichtigsten Mitteln zählten:

- Tormona 80
  Zur Bekämpfung holziger Gewächse und Unkräuter in Nadelholzkulturen und auf Freiflächen sowie zur Regulierung des Baumartenverhältnisses (Zurückhaltung der Buche!!!).
- Tormona–Salz
  Zur Bekämpfung holziger und krautiger Pflanzen in Nadelholz–Kulturen während der Vegetationszeit.
- Tormona 100
  war eines der in der Forstwirtschaft am häufigsten eingesetzten Mittel zur
  * Stammgrundbehandlung gegen Ausschlag und
  * Läuterung von Laubhölzern

⊘ *Amitrol*

Durch die Pflanzenschutzmittelverbotsverordnung, BGBl. Nr. 97/1992 ist die Anwendung von Amitrol forstwirtschaftliche Zwecke ab 20. Februar 1992 verboten.

Die Einsatzbeschränkung von Amitrol (der Wirkstoff darf noch im Obst– und Weinbau in feuchten Lagen angewendet werden) liegt einerseits in seinem krebserzeugenden Potential, andererseits in der guten Mobilität dieser Substanz im Boden und der damit zusammenhängenden möglichen Grundwasserkontamination begründet.

Sämtliche im Amtlichen Pflanzenschutzmittelverzeichnis 1993 noch angeführte Präparate mit dem Wirkstoff Amitrol weisen die Einstufung mindergiftig (Xn) auf. Für zwei Präparate gelten die R–Sätze 20/21/22, 36/37/38, 40 und 48, für eines die R–Sätze 21/22, 40 und 48.

R 20/21/22 ..	Gesundheitsschädlich beim Einatmen, Verschlucken und bei Berührung mit der Haut
R 21/22	Gesundheitsschädlich bei Berührung mit der Haut und beim Verschlucken
R 36/37/38 ..	Reizt die Augen, Atmungsorgane und die Haut
R 40	Irreversible Schäden möglich
R 48	Gefahr ernster Gesundheitsschäden bei längerer Exposition

Das im Amtlichen Pflanzenschutzmittelverzeichnis 1992 nicht mehr angeführte Handelsprodukt Weedar Ata–TL mit dem Wirkstoff Amitrol wurde zur Adlerfarnbekämpfung in Forstkulturen eingesetzt.

Der Wirkstoff Amitrol zählt zur Gruppe der Triazole. Es ist ein gut wasserlösliches Blattherbizid mit Tiefenwirkung. Dementsprechend ist es auch gegen tiefwurzelnde Pflanzen wirksam. Amitrol verhindert das Austreiben ruhender Knospen und hemmt die Chlorophyllbildung, die anhand der auftretenden Chlorose erkennbar ist.

Es dürfen gemäß §§ 15 und 16 LMG (BGBl.Nr. 86/1975) wegen möglicher krebserzeugender bzw. erbgutverändernder Wirkung keine Amitrol–Rückstände in oder auf Lebensmitteln vorhanden sein.

Weitere für den Forst zugelassene und im Amtlichen Pflanzenschutzmittelverzeichnis 1993 noch aufscheinende Herbizide

Wirkstoff	Handelsprodukt	Einstufung R–Sätze*	Anwendungsgebiet
Imazapyr	Arsenal	Xn (mindergiftig) R 20, 36, 49	im Forst: Verhinderung u. Bekämpfung v. Stockausschlägen v. Hainbuche, Hasel, Robinie
Oxyfluorfen	Goal 2E	Xi (reizend) R 10, 36/38	4 l/ha gg. Unkräuter in Forstgärten
Simazine	Gesatop 50	–	3–5 kg/ha, im Forst gg. ein– u. zweikeimblättrige Unkräuter
Triclopyr	Garlon 3A	Xi (reizend) R 36/38, 41	5 l/ha, im Forst zur Kulturvorbereitung und Jungwuchspflege gg. Buschwerk und Laubholz,
Triclopyr–ester	Garlon 4	Xn (mindergiftig) R 22, 36/38	4 l/ha, im Forst gg. Buschwerk und Laubholz
Trifluralin	Elancolan	Xn (mindergiftig) R 10, 22, 36	im Forst: Verschulbeet v. Nadelgehölzen gg. einjährige Samenunkräuter

* siehe TEIL ANHANG, "Liste der R– und S–Sätze"

WALDBAULICHE MASSNAHMEN ZUR VERMEIDUNG ODER EINSCHRÄNKUNG DES HERBIZIDEINSATZES

siehe auch TEIL GRUNDLAGEN, "Nicht–chemische Alternativen" und Teil INSEKTIZIDE, "Generelle Richtlinien für den vorbeugenden Forstschutz" und "Möglichkeiten umweltschonender Verfahren"

Der "Zwang", Herbizide in der Forstwirtschaft einzusetzen, hat seine Wurzeln sehr häufig in waldbaulichen Fehlern bzw. Unterlassungen. Schematisierter "Primitivwaldbau" führt häufig zu den sogenannten "Sachzwängen", die einen Pflanzenschutzmitteleinsatz aus betriebswirtschaftlichen Gründen notwendig machen. Dabei könnte besonders die Wahl des entsprechenden Verjüngungsverfahrens, durch Vermeidung übermäßig vergraster und verkrauteter großer Kahlschlagsflächen, den Herbizideinsatz wesentlich verringern. Auf manchen großflächigen, durch Windwurf, Schneebruch oder Insektenkalamitäten entstandenen Verjüngungsflächen, wird man auch in Zukunft mechanische oder chemische Unkrautbekämpfung durchführen müssen, um die Schlagflächen möglichst rasch zu decken.

Grundsätzlich konnte aber die Österreichische Forstinventur im Zeitraum 1986/1990 feststellen, daß über die Hälfte der Endnutzungen auf Verjüngungstriebe, Dämmungen und kleinflächige Nutzungen unter 500 m^2 entfallen (SCHIELER et al., 1993).

Betrachtet man die montanen und subalpinen Waldgesellschaften hinsichtlich ihrer natürlichen Verunkrautung oder Verstaudung, so fallen hier wenige Einheiten besonders auf (nach MAYER, 1978):

- Hochstauden–Fichten– und Fichten/Tannen–Wald: Bei natürlichem Zerfall entwickelt sich eine bodendeckende, überbrusthohe Vegetation von Hochstauden, Farnen und Kräutern, besonders in größeren Bestandeslücken und stufungsarmen Bestandespartien.
- Zwergstrauchreicher Fichten–Wald: Hier bilden vor allem in der subalpinen Stufe in größeren Lücken geschlossene, hochwüchsige Heidelbeerheiden deutliche Verjüngungshindernisse.
- Grasreicher (Calamagrostis) Fichten–Wald: Im montanen und subalpinen Bereich treten beim flächenhaften Absterben terminaler Phasen Vergrasungsstadien auf, die eine sorgfältige, natürliche Verjüngung vereiteln.
- Verbuchung im Fichten–Tannen–Buchen–Wald: Durch wildbedingten Ausfall der Tanne kann sich die vitale Buche übermäßig verjüngen, wodurch die Gefahr einer Entmischung stark ansteigt.

Neben diesen wenigen zur Vergrasung und Verkrautung neigenden Naturwaldstandorten der montanen und subalpinen Stufe, neigen insbesonders schwere, stauwasserbeeinflußte Standorte der collin–planaren Stufe (100– 400 m), besonders wenn sie mit standortswidrigen Forstgesellschaften bestockt sind, zu Vergrasung und Verkrautung.

HABENBERGER (1987) nimmt an, daß die Anwendung chemischer Mittel zur Bekämpfunge von Forstunkräutern wegen der naturnäheren Bestockung in Österreich nicht so gebräuhlich ist wie in Westdeutschland, aber dennoch in künstlichen Beständen außerhalb der natürlichen Verbreitungsgebiete großflächige Anwendungspotentiale bestünden.

Auf stark stauwasserbeeinflußten, basenreichen Standorten führt jede großflächige Kahllegung zu starker Verwilderung der Schlagflächen (LANG/GLATZEL, 1974).

Daraus ergeben sich Hinweise für die langfristige Bestandesbehandlung von Wirtschaftswäldern, um der Entwicklung von unerwünschter Konkurrenzvegetation vorzubeugen:

- Aufbau möglichst naturnaher, gemischter Wirtschaftswälder.

- Aufbau leistungsfähiger, ökologisch und bestandesstrukturell stabiler Bestandesformen – dadurch läßt sich das Risiko vorzeitiger Bestandesauflösung durch Windwurf, Schneebruch oder Bestandeszerfall durch Trockenperioden oder sekundären Pilz- oder Insektenbefall wesentlich einschränken.
- Erziehung stufiger Bestände – Erziehung eines vitalen Nebenbestandes, der nicht durch etwaige Niederdurchforstungen ausgeschaltet wird.
- Kontinuierliche Einleitung und langfristige Durchführung der Verjüngung – langsames, kleinstandörtlich differenziertes Vorgehen.
- Kleinflächige Durchführung der Verjüngung – je größer die Verjüngungsfläche, desto vitaler und monotoner entwickelt sich die Konkurrenz der Baumarten im Ansamungsstadium. Wichtig ist besonders die Schaffung differenzierter ökologischer Verhältnisse.

Aus diesen Hinweisen leitet sich die Bedeutung mittel- und langfristiger waldbaulicher Vorbeugungsmaßnahmen ab, denn kurzfristige Erfolge sind mit Hilfe des Waldbaues nur schwer zu erzielen, wahrscheinlich mit ein Grund, warum darauf so häufig verzichtet wurde.

Häufig bewirkt die in unseren Wirtschaftswäldern praktizierte Art der Verjüngung eine ungehemmte Entwicklung der Bodenvegetation, während die Hauptbaumarten ungünstigere Verhältnisse vorfinden. Die Waldverjüngung wird dort zu schnell, standörtlich undifferenziert und schablonenhaft durchgeführt, wodurch die sogenannte "Schlagpflege" überhaupt erst notwendig wird.

Waldbauliche Schlußfolgerungen

Eine Verringerung des Herbizideinsatzes in der Forstwirtschaft ist untrennbar mit waldbaulichen Maßnahmen verbunden. Wenn auch keine Augenblickserfolge zu erzielen sind, so kann durch eine entscheidende waldbauliche Weichenstellung den Ursachen der ungünstigen Entwicklung der Bodenvegetation begegnet werden.

Durch Aufbau standortangepaßter Bestände läßt sich nachhaltig die forstschutzkundliche Symptombehandlung ausschalten, wobei lang-, mittel- und kurzfristige Maßnahmen Hand in Hand gehen müssen:

- **Kurzfristige Maßnahmen**
  * Verbesserung des Kulturverfahrens durch Verwendung optimal entwickelter Pflanzen.
  * Verwendung größerer Pflanzen, um die Konkurrenzphase abzukürzen.
  * Zeitweise Erhaltung von Vorwüchsen, Bodenschutzbeständen, von Vorwaldbaumarten (Birke, Weide, Lärche), um größere Unkraut- und Verjüngungsflächen aufzulockern und wuchsgünstigere Kleinstandorte zu bewirken.
  * Anlage von Vorwaldbeständen auf extremeren Standorten.
  * Mechanische Jungwuchspflege

- **Langfristige Maßnahmen**
  * Aufbau naturnäherer, stabiler Bestände.
  * Kontinuierliche Bestandespflege zur Erhaltung der Mischung, Erhöhung der Standfestigkeit und Verbesserung der Resistenz gegen Gefährdungen.
  * Aufbau stufiger Bestände zur Erhaltung eines Nebenbestandes, der geeignet ist, vorzeitige Vergrasung und Verunkrautung zu verhindern.
  * Intensivierung der Naturverjüngung.
  * Abstimmen der Produktionszeiträume auf die Verunkrautungstendenz des jeweiligen Standortes.

Zur Einschränkung des Herbizideinsatzes gibt es also eine Anzahl waldbaulicher Maßnahmen, die sehr wirkungsvoll sind, wobei die hier erwähnten sicherlich noch nicht alle Möglichkeiten wiedergeben.

LITERATURVERZEICHNIS HERBIZIDE

BUNDESANSTALT FÜR PFLANZENSCHUTZ (1990)
Richtlinie für die Pflanzenschutzarbeit, Offizielle Veröffentlichung der Bundesanstalt für Pflanzenschutz, Wien

BUNDESANSTALT FÜR PFLANZENSCHUTZ (1993)
Amtliches Pflanzenschutzmittelverzeichnis, Stand 31. Oktober 1992. Offizielle Veröffentlichung der Bundesanstalt für Pflanzenschutz, Wien

DOMSCH, K.H. (1992)
Pestizide im Boden: mikrobieller Abbau und Nebenwirkungen auf Mikroorganismen. Weinheim: VCH–Verlag, S. 575

GIESSL, H., HURLE, K. (1984)
Pflanzenschutzmittel und Grundwasser. Agrar– und Umweltforschung Baden Württemberg, Band 8, Verlag Eugen Ulmer, Stuttgart

GORBACH, S. (1982)
Einsatz von Pflanzenschutzmitteln – Möglichkeiten bedenklicher Anreicherung im Boden und im Grundwasser sowie Störungen des Naturhaushaltes. Studie des JPS–Fachausschusses Ökonomie. Industrieverband Pflanzenschutz e.V., Frankfurt/Main

HABENBERGER, R. (1987)
Forstschutzmittel. Ökologische und waldwirtschaftliche Aspekte. Diplomarbeit. BOKU Wien, Institut für Forstökologie

HURLE, K. (1982)
Untersuchungen zum Abbau von Herbiziden in Böden. Berlin und Hamburg: Verlag Paul Parey

KLEIN, E. (1989)
Wuchsstoffherbizide als Ursache für Wuchsanomalien bei der Fichte. Allgem. Forstzeitschrift 28, S. 749 – 750

LANG, H.P., GLATZEL, G. (1974)
Alternativen zur Anwendung chemischer Mittel bei der Bestandesbegründung in der Waldpflege. Allgem. Forstzeitung 85 (8), S. 206 – 209

MAYER, H. (1978)
Waldbauliche Vorbeugungsmaßnahmen zur Vermeidung und Einschränkung des Herbizideinsatzes. Allgem. Forstzeitung 89 (4), S. 126 – 128

ÖSTERREICHISCHES STATISTISCHES ZENTRALAMT (1986)
Der Einsatz von Pestiziden in Österreich zwischen 1974 und 1985

PERKOW, W. (1983/85)
Wirksubstanzen der Pflanzenschutz– und Schädlingsbekämpfungsmittel. Berlin und Hamburg: Verlag Paul Parey, 2. Auflage

ROTH, M. (1987)
Grundwasserbelastung durch Pflanzenschutzmittel in Baden–Württemberg – Konzeption – Ergebnisse – Ausblicke. In: Grundwasserbeeinflussung durch Pflanzenschutzmittel, Schriftenreihe des Vereins für Wasser–, Boden– und Lufthygiene, Band 68

SCHIELER, K., SCHADAUER, K. (1993)
Zuwachs und Nutzung nach der Österreichischen Forstinventur 1986/90. Österr. Forstzeitung 4, S. 22–23

SCHÜTT, P. (1975)
Schäden durch den kombinierten Einsatz von Bioziden. European Journal of Forest Pathology 5, S. 253 – 255

SELTENHAMMER–MALINA, E. (1989)
Pestizidrückstände in Boden– und Grundwasserproben des Bezirkes Gänserndorf. UBA–Report UBA–89–034

STOCK, R., FRIESEL, P., MILDE, G. (1987)
Grundwasserkontamination durch Pflanzenbehandlungsmittel in der Niederen Geest Schleswig–Holsteins und im Emshand. Schriftenreihe des Vereins für Wasser–, Boden– und Lufthygiene, Band 68, S. 209 – 223

WALLNÖFER, P., ENGELHARDT, G., ZIEGLER, W (1980)
Gefundene Rückstände chemischer Pflanzenschutzmittel in Boden und Pflanze. Gesunde Pfanzen 32, S. 112

WERNER, G. (1987)
Strategien und Ergebnisse der Überwachung der Rohwasserqualität von Grundwasserförderungsanlagen auf Kontamination durch Pflanzenschutzmittel. Schriftenreihe des Vereins für Wasser-, Boden- und Lufthygiene, Band 68

Weiterführende Literatur

ANONYM (1974)
Ausbringungstechnik von Herbiziden zur Unkrautbekämpfung. Auszug aus: Waldwirtschaft. Grandjot, W., Künneth, W., Jäger, R., Reindl, J, Zierl, H., Klotz, Th., Schönfelder, E. (Ed). Allgem. Forstzeitschrift 29, S. 55–57

ANONYM (1974)
Stellungnahme des KWF–Arbeitsringes “Herbizide” zu gemeinsamen Erklärung unabhängiger Wissenschafter zum Einsatz chemischer Unkrautbekämpfungsmittel. Allgem. Forstzeitschrift 29, S. 23

ANONYM (1975)
Gemeinsame Stellungnahme der Biologischen Bundesanstalten Braunschweig und des Bundesgesundheitsamtes Berlin zum Einsatz von Wuchsstoffherbiziden im Forst. Allgem. Forstzeitschrift 30, S. 976–978

ANONYM (1981)
Velpar – ein neues Blatt- und Bodenherbizid. Allgem. Forstzeitschrift 92, S. 101

ANONYM (1981)
Stellungnahme zur Anwendung von 2,4,5–T bei der Unkrautbekämpfung im Forst. Mitteilungen aus der Biologischen Bundesanstalt für Land– und Forstwirtschaft Berlin–Dahlem 181, S. 5–57. Berlin und Hamburg: Verlag Paul Parey

AROLD, H. (1975)
Chlorphenoxyessigsäuren. In: Ullmanns Enzyklopädie der technischen Chemie, Band 9, S. 578–582. Weinheim–Bergstraße: Verlag Chemie

BERGMANN, J.H. (1981)
Chemische Unkrautbekämpfungsmittel. In: Herbizide in der Forstwirtschaft, S. 77–99. Berlin: VEB Deutscher Landwirtschaftsverlag

BORN, M. (1992)
Unkrautbekämpfung in der Forstwirtschaft. Allgem. Forstzeitschrift 5. S. 248–249

BOSSEL, H. (1974)
Umwelt– und Rückstandsfragen bei der Anwendung von Herbiziden im Forst. Zusammenfassung des Vortrages von H. Maier–Bode. Allgem. Forstzeitschrift 29, S. 48–49

BUCHBERGER, U. (1978)
Bekämpfung von Kräutern mit dem Evanulat Profix. Allgem. Forstzeitung 89 (4), S. 147–148

BUSCHBECK, T. (1991)
Mulchplatten gegen Unkrautkonkurrenz in Laubholzkulturen. Allgem. Forstzeitschrift 19. S. 974–975

DEPPNER, F., RÖHRIG, E. (1980)
Die Datensammlung des KWF über Neben– und Folgewirkungen von Herbiziden in der Forstwirtschaft. Allgem. Forstzeitschrift 35, S. 1057–1058

DIMITRI, L. (1992)
Pflege und Schutz von Fichten– und Douglasien–Kulturen. Allgem. Forstzeitschrift 12. S. 640–642

DONAUBAUER, E. (1975)
Zur Herbizidanwendung in der österreichischen Forstwirtschaft. Allgem. Forstzeitung 86 (4), S. 106–107

DONAUBAUER, E. (1978)
Kriterien für die Prüfung und Beurteilung von Herbiziden im Forst. Allgem. Forstzeitung 89 (4), S. 108–109

DUSTMANN, J. (1975)
Wirkung von Tormona 80 auf Honigbienen. Allgem. Forstzeitschrift 30, S. 978–979

ECKEY, R. (1991)
Chemische Freistellung in Sonderkulturen. Allgem. Forstzeitschrift 25. S. 1294–1295

EICHLER, D., LEBER, G. (1975)
Ergebnisse von 2,4,5–T–Rückstandsuntersuchungen in Honig, Wald–, Him– und Brombeeren, Waldhimbeerblättern und Gräsern sowie ihre toxikologische Bedeutung für Mensch und Tier. Allgem. Forstzeitschrift 30, S. 994–996

FIEDLER, H., RUETZ, W.F. (1984)
Erprobung verschiedener Herbizide, speziell Velpar und TOP ALBA in Tannen–Weihnachtsbaumkulturen sowie in SG Douglasien– und Kieferkulturen. Allgem. Forstzeitschrift 39, S. 232

FLEDER, W. (1975)
Herbizide – Gifte im Wald. Allgem. Forstzeitschrift 26, S. 324

FOIT, A. (1974)
Ein Versuch mit "Shell–Unkrauttod A" im Forstl. Versuchsgarten der Hochschule für Bodenkultur Wien. Allgem. Forstzeitung 85 (4), S. 90

GABRIEL, H. (1978)
Krenite – ein landschaftsschonendes Verfahren zur Bekämpfung oder Niederhaltung von unerwünschtem Laubholz. Allgem. Forstzeitung 89 (4), S. 144–145

GABRIEL, H. (1978)
Versuchprodukt Verlpar – ein neues Herbizid zur nachhaltigen Beseitigung oder Niederhaltung von Gräsern und Unkräutern in Forstkulturen. Allgem. Forstzeitung 89 (4), S. 137–138

GERNOT, G. (1982)
Zum Herbizideinsatz in der Forstwirtschaft der DDR. Allgem. Forstzeitschrift 37 (22), S. 661

GRAF, O. (1978)
Grashemmung mit Dowpon. Allgem. Forstzeitung 89 (4), S. 147

GRASBLUM, M. (1975)
Umfang, Flächengrößen und allgem. Problematik der Herbizidausbringung mit Luftfahrzeugen. Allgem. Forstzeitschrift 30 (45), S. 980–981

GRITSCH, W. (1978)
Die Bekämpfung von Kräutern und Sträuchern mit Tormona. Allgem. Forstzeitung 89 (4), S. 135

GRITSCH, W. (1978)
Die Bekämpfung von Mischverunkrautung mit Bladazin. Allgem. Forstzeitung 89 (4), S. 135

GÜNTHER, G. (1982)
Zum Herbizideinsatz in der Forstwirtschaft der DDR. Allgem. Forstzeitschrift 37 (22), S. 661

GUSSONE, H.J., RÖHRIG, E. (1980)
Über Notwendigkeit und Grenzen der Verwendung von Herbiziden im Walde. Allgem. Forstzeitschrift (35 (49), S. 1045–1048

HALLER, N. (1974)
Der Einsatz von Herbiziden zur Erhaltung eines überschaubaren Bewuchses in brachliegenden Talwiesen am Beispiel eines Versuchs im Pfälzen Wald. Allgem. Forstzeitschrift 29 (3), S. 44–45

HASENKAMP, J.G. (1974)
Es geht auch ohne Herbizide. Allgem. Forstzeitschrift 29 (39) S. 43

HILLGARTER, F.W. (1978)
Probleme beim Herbizideinsatz im Forstbetrieb. Allgem. Forstzeitung 89 (4), S. 130–131

HILLGARTER, F.W. (1978)
Gibt es einen umweltgerechten Herbizideinsatz? Allgem. Forstzeitung 89 (4), S. 107

HIMMELBAUER, W. (1987)
Kulturvorbereitung mit Herbiziden. Österr. Forstzeitung 8, S. 77

HIMMELBAUER, W. (1987)
Begleitwuchsregulierung statt Unkrautbekämpfung. Österr. Forstzeitung 6. S. 20

HUSS, J. (1978)
Die Wirkung von Unkrautbekämpfungen auf die Entwicklung von Waldverjüngungen. Allgem. Forstzeitung 35 (49), S. 1045–1048

HUSS, J. (1987)
Jungwuchspflege ohne Chemie? Allgem. Forstzeitschrift 44. S. 1134–1135

HUSS, J. (1978)
Jungwuchspflege ohne Chemie. Allgem. Forstzeitschrift 42 (44), S. 1134–1135

JONAS, A. (1978)
Arbeitsschutz beim Herbizideinsatz. Allgem. Forstzeitung 89 (4), S. 131–133

KARASEK, S. (1978)
Herbizidausbringung mit dem Flugzeug. Allgem. Forstzeitung 89 (4), S. 142–143

KELLER, J. (1980)
Erfahrungen mit Roundup zur chemischen Läuterung im Kerbverfahren. Allgem. Forstzeitschrift (3 (17), S. 446

KOBERG, H. (1978)
Bekämpfung von Mischverunkrautung mit dem Granulat Fydulan. Allgem. Forstzeitung (9(4), S. 149

KRONAUER, H. (1988)
Einzelbaumschutz mit Schutzhüllen. Allgem. Forstzeitschrift 14. S. 360

KRONAUER, H. (1991)
Schutzhüllen für junge Bäume. Allgem. Forstzeitschrift 22. S. 1130–1131

KUNZE, W. (1974)
Großpflanzen sind auch eine Alternative. Allgem. Forstzeitschrift 29 (12), S. 244

KURIR, A. (1976)
Umweltproblematik beim Einsatz pflanzentötender Mittel (Herbizide und Aborizide) im Forst. In: Franz, A. (Ed.) (1976): Umweltprobleme aus der Sicht der Bodenkultur, S. 110–119. Wien: Österr. Agrarverlag

LANZ, W. (1971)
Adlerfarnbekämpfung mit Prefix in Forstkulturen. Allgem. Forstzeitschrift 26 (15), S. 311–312

LANZ, W. (1973)
Casoron Combi G – ein neues Herbizidgranulat für Forstkulturen. Allgem. Forstzeitschrift 29 (29), S. 486–487

LANZ, W. (1978)
Versuchserfahrungen mit Roundup (Glyphosphate) in der Forstwirtschaft. Allgem. Forstzeitung 89 (4), S. 144–145

LIPPENMEIER, F.P. (1978)
Zusammenarbeit bei der praktischen Anwendung von Krenite. Allgem. Forstzeitung 85 (4), S. 92–93

MAYER, H. (1974)
Zum Einsatz von Herbiziden im Waldbau. Allgem. Forstzeitung 85 (4), S. 92–93

MILDE, G., FRIESEL, P. (1987)
Grundwasserbeeinflussung durch Pflanzenschutzmittel. Stuttgart – New York: Gustav Fischer Verlag

MUSCHEID, H. (1975)
Erfahrungen im Herbizideinsatz im Forstamt Zell/Mosel. Allgem. Forstzeitschrift 30 (45), S. 986

MUSSONG, M. (1991)
Alternativen in der Unkrautbekämpfung. Allgem. Forstzeitschrift 5. S. 221

NOSSEK, E. (1974)
Gibt es ein herbizidfreies Waldbaukonzept? – Kontra gemeinsame Erklärung. Allgem. Forstzeitung 85 (4), S. 91–92

NOSSEK, E. (1978)
Betriebswirtschaftliche Bewertung des Herbizideinsatzes. Allgem. Forstzeitung 89 (4), S. 108–109

NÜSSLEIN, H. (1975)
Der Herbizideinsatz in Eichen– und Buchenverjüngungen des Buntsandstein–Spessarts. Allgem. Forstzeitschrift 30 (45), S. 991–992

OFFER, A. (1979)
Über die Sicherheit der Herbizidwirkstoffe 2,4–D und 2,4,5–T. Allgem. Forstzeitschrift 34 (4), S. 69–72

OLLBERG–KALLFASS, R. (1978)
2,4,5–T–Rückstände in Pilzen nach Verwendung von Tormona 80 in der Praxis. Allgem. Forstzeitschrift 33 (16), S. 465–466

PESTEMER, W., EGGERS, T., HOLTKAMP, S. (1978)
Verhalten und Nebenwirkungen von Herbiziden unter besonderer Berücksichtigung von 2,4,5–T. Allgem. Forstzeitung 89 (4), S. 113–117

PROMMER, F. (1978)
Praktische Anwendung von Herbiziden in der Kultur– und Jungwuchspflege. Allgem. Forstzeitung 89 (4), S. 140–141

REGEL, F. (1974)
Maßnahmen gegen Unkrautkonkurrenzz. Allgem. Forstzeitschrift 29 (3), S. 42–43

REINECKE, H. (1978)
Roundup und Krenite zur Läuterung? Allgem. Forstzeitschrift 33 (23), S. 680

REINECKE, H. (1991)
Ein neues Verfahren zur selektiven Graswuchsregulierung. Allgem. Forstzeitschrift 11. S. 571–576

ROEDINGER, K.J. (1977)
Krenite ermöglicht Kulturpflege nach Maß. Allgem. Forstzeitschrift 32 (35), Sonderbeiträge, S. 859–862

RÖHRIG, E. (1975)
Aufgaben des Arbeitsringes "Herbizide" im Kuratorium für Waldarbeit und Forsttechnik. Allgem. Forstzeitschrift 30 (45), S. 992

ROSENMAYR, W. (1988)
Herbizideinsatz zur Förderung der Naturverjüngung? Österr. Forstzeitung 4. S. 31

SANTNER, W. (1987)
Der Roundup–Abstreifbesen zur Hemmung der Konkurrenzflora. Österr. Forstzeitung 5. S. 11

SCHÜTT, P. (1974)
Herbizidanwendung in der Forstwirtschaft. Allgem. Forstzeitschrift 26 (15), S. 324

SCHÜTT, P. (1981)
Herbizide im Wald: toxikologisch ganz und gar unbedenklich? Allgem. Forstzeitschrift 36 (5), S. 99

SOYEZ, D. (1980)
Herbizide in der Forstwirtschaft. Der Forst– und Hauswirt 35 (6), S. 105–106

SPERBER, G. (1975)
Der Waldbau, die Schlagpflege und die Herbizide oder: sind alte Waldbau–Tugenden wieder gefragt? Allgem. Forstzeitschrift 30 (45), S. 987–988

SZELESS, S. (1990)
Kiefernnaturverjüngung dank Herbizideinsatz. Österr. Forstzeitung 2. S. 39–40

THEUERMANN, W. (1978)
Die Ausbringung von Granulaten. Allgem. Forstzeitung 89 (49; S. 146

THIEL, W. (1971)
Herbizidanwendung und Waldbrandgefahr. Allgem. Forstzeitschrift 26 (18), S. 367

VOLGERT, Chr. (1971)
IUFRO–Bericht über Herbizid–Anwendung. Allgem. Forstzeitschrift 26 (16), S. 362

VÖMEL, V. (1991)
Der Umgang mit Pflanzenschutzmitteln im Wald. Allgem. Forstzeitschrift 22. S. 1121–1123

WOHLFARTH, E. (1971)
Probleme der Herbizidanwendung. Bericht über das Internat. Symposium 1969: Herbizid– und Arborizidanwendung in der Forstwirtschaft. Allgem. Forstzeitschrift 26 (18), S. 366–367

ZITZEWITZ, H. (1971)
Herbizideinsatz zur Pflege von Forstkulturen. Allgem. Forstzeitschrift 26 (18), S. 373

ZITZEWITZ, H. (1976)
Mit Krenite zur waldschutzgerechten Kulturpflege. Allgem. Forstzeitschrift 31 (33), S. 701–704

ZUR SITUATION DER SCHÄDLINGSBEKÄMPFUNG IN DER FORSTWIRTSCHAFT

Einer Bekämpfung von Forstschädlingen muß zunächst eine eindeutige *Diagnose*, um welchen Schädling es sich handelt sowie eine *Prognose* über den zu erwartenden Schaden vorausgehen.

Die Prognose muß eine exakte Feststellung der Populationsdichte darstellen. Erst bei Überschreitung der kritischen Zahl (jene Zahl, bei deren Erreichen ein Baum kahlgefressen wird) sollte eine Bekämpfung in Betracht gezogen werden. Diese leitet sich aus der Relation der Individuendichte zum Futtervorrat ab.

Bei einem hohem Auftreten von Antagonisten kann angenommen werden, daß die Gradation der Schadinsekten bereits im Abnehmen begriffen ist, weil die Antagonisten mit knapper zeitlicher Verzögerung reagieren. Hier ist besondere Vorsicht bei der Bekämpfung vonnöten, um die hohe Dichte der Antagonisten nicht zu zerstören.

Falls die Abundanzbestimmung eine Bekämpfung als unabdingbar erscheinen läßt, erheben sich folgende Fragen:

- Wie soll bekämpft werden?
- Welche Art soll bekämpft werden?
- Wann soll bekämpft werden?

Für die Bekämpfung maßgeblich ist der *tolerierbare Schaden*, der von der Baumart und der ökologischen Einstellung des einzelnen Forstbetriebes abhängig ist.

Während Laubholzbestände auch mehrmaligen Kahlfraß verkraften, ist z. B. bei Kiefernbeständen das Abfressen der Maitriebe tödlich.

Unabhängig von der Bekämpfungsmethode ist es wichtig, den Bekämpfungszeitpunkt zu ermitteln. Am empfindlichsten sind die Insekten in den ersten beiden Larvenstadien. Die Dauer dieser Stadien ist aber manchmal sehr kurz und die Bekämpfung in späteren Stadien erfolglos.

Darüber hinaus ist die Bekämpfung witterungsabhängig. Einsetzender Regen wäscht die Mittel von den Bäumen in den Boden, ohne Auswirkung auf die Insekten.

Bekämpfungsmethoden

- *mechanisch*
  - Sammeln und Fangen der Tiere, z. B. über Fangbäume
  - Vernichtung von befallenen Pflanzen oder Pflanzenteilen
  - Schutz von Derbholz gegen Käferbefall durch Berieselung mit Wasser
  - Einzäunen gegen Wildverbiß
- *biologisch* siehe nachfolgendes eigenes Kapitel
- *chemisch*

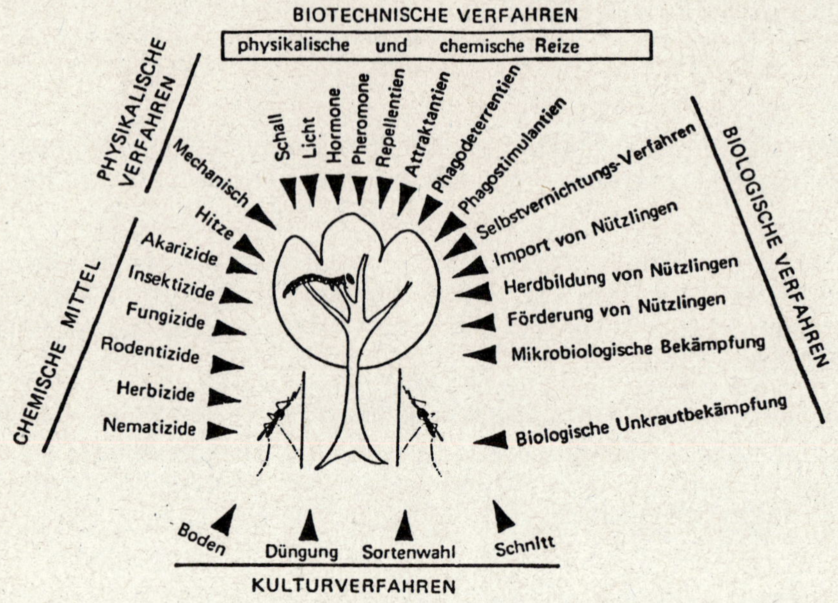

Abb.1: Übersicht der wichtigsten Mittel und Methoden zur Bekämpfung von Pflanzenschädlingen im Integrierten Pflanzenschutz; Quelle: KRIEG und FRANZ (1982)

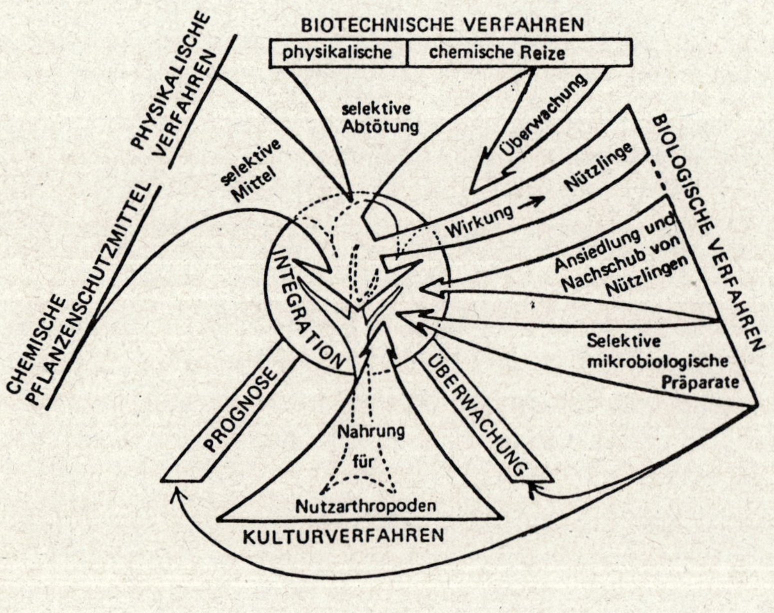

Abb.2: Integriertes Bekämpfungssystem mit dem Hauptelement: "Erhaltung und Förderung natürlicher Feinde"; Quelle: KRIEG und FRANZ (1982)

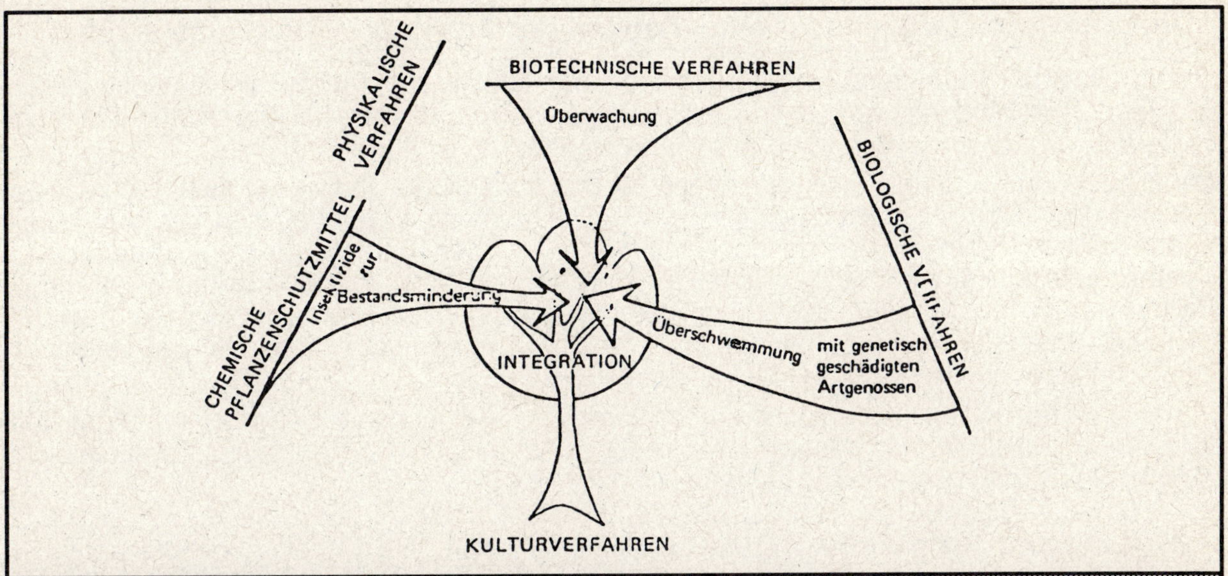

Abb.3: Integriertes Bekämpfungssystem mit dem Hauptelement "Selbstvernichtungsverfahren"; Quelle: KRIEG und FRANZ (1982)

Chemischer Forstschutz

Die Methoden beruhen darauf, daß toxische Substanzen in den Kontakt mit Schädlingen kommen, wobei andere Lebewesen, besonders der Mensch und Nützlinge nicht gefährdet werden dürfen.

Da es aber kein Pestizid gibt, das nur selektiv angewendet werden kann, sind Nebenwirkungen nicht auszuschließen. Umso beängstigender ist die Tatsache, daß weltweit etwa 45.000 verschiedene Formulierungen von ca. 900 Wirkstoffen im Handel sind, ohne daß die Probleme der Rückstandsermittlung und des Verbleibs der Rückstände in der Umwelt bereits geklärt wären (KRIEG u. FRANZ, 1982).

Darüber hinaus ist die Frage der *Dosis–Wirkungsbeziehung* von besonderem Interesse, vor allem wenn man bedenkt, daß die vorgeschriebenen Anwendungsmengen oft nicht eingehalten werden.

Chemikalien zur Schädlingsbekämpfung werden im Forst in verschiedener Weise eingesetzt:

- *Schreckstoffe*
  - Schrecken die Tiere ab (z. B. bestimmte Duft– und Inhaltsstoffe von Streichmitteln gegen Wildverbiß)
- *Lockstoffe*
  - Locken die jeweiligen Schadinsekten an (z. B. Pheromone)
- *Hemmstoffe*
  - sind Substanzen, die physiologische Prozesse im Körper unterbinden (z. B. Diflubenzuron)
- *Insektizide*
  - werden gezielt zur Abtötung bestimmter Arten eingesetzt

In Österreich wurden 1992 insgesamt (Land– und Forstwirtschaft, privater Verbrauch) 137 t insektizide Wirkstoffe verbraucht. Dabei ist anzunehmen, daß der weitaus überwiegende Teil in die Landwirtschaft ging. Wie hoch der Prozentsatz der im Forst angewendeten Mittel ist, kann nicht festgestellt werden, da keine Statistiken über die Abgaben an den Endverbraucher existieren.

Unerwünschte Begleiterscheinungen bei der Anwendung von Insektiziden

Die langfristige Dezimierung einer Population durch künstlich ausgebrachte Giftstoffe begünstigt jene Einzeltiere, die weniger empfindlich gegen das betreffende Mittel sind bzw. ihm rechtzeitig auszuweichen verstehen (= Verhaltensresistenz).

Die Empfindlichkeit gegen Insektizide kann bei den Schädlingen individuell recht unterschiedlich sein. Wenn die Selektion lange genug anhält, können die überlebenden toleranten Individuen zu Stammeltern unempfindlicher Nachkommen werden. Bis heute ist weder eine wichtige Schädlingsfamilie, noch eine bereits länger eingesetzte Wirkstoffgruppe bekannt, bei der es noch nicht zur Herausbildung resistenter Stämme gekommen ist. Es kann auch passieren, daß gegen ein Präparat resistente Tiere in der Folge gegen mehr oder weniger verwandte Insektizide schneller unempfindlich werden (Kreuzresistenz).

Vor allem in den letzten beiden Jahrzehnten kam es zu einer exponentialen Zunahme resistenter Schadorganismen, was wesentlich zur heutigen Aktualität nicht chemischer, vor allem biologischer Bekämpfungsmethoden beigetragen hat.

Wirkungen auf die Tierwelt (siehe auch Teil GRUNDLAGEN, "Lebensmittelgesetz")

Die für die humusbildende Tätigkeit wichtige Bodenfauna, wie z. B. Springschwänze, Milben oder Regenwürmer, wird vor allem durch persistente Mittel gefährdet. Die oberirdisch lebende Arthropodenfauna wird durch den Einsatz von Insektiziden schon unmittelbar während oder nach der Anwendung geschädigt. Diese Tierarten kommen wegen ihrer großen Mobilität in hohem Maß mit den eingebrachten bioziden Wirkstoffen in Kontakt. Eine Wiederbesiedelung des Substrates nach Abklingen der bioziden Wirkung geht bei vielen Arthropodenarten aufgrund meist geringer Nachkommenzahlen und langer Entwicklungszeiten in der Regel nur sehr langsam vor sich (FUNKE, 1987).

Auch den sogenannten indifferenten Arten kommt im Ökosystem eine wichtige Rolle zu, da sie Nahrungsgrundlage von entomophagen (insektenvertilgenden) Nützlingen oder insektenfressenden Vögeln und Säugern sind.

Erzeugung von Schädlingskalamitäten

Es sind Fälle bekannt, wo Schädlingsbekämpfungsmittel neue Kalamitäten hervorrufen und zwar:

1. Wenn die verwendeten Insektizide die Vermehrung anderer Schädlinge direkt stimulieren oder
2. wenn sie natürliche Schädlingsvertilger beseitigen.

Die Erscheinung beruht im wesentlichen darauf, daß Entomophagen den heute üblichen breitenwirksamen (unspezifischen) Kontaktinsektizide schneller erliegen als Phytophagen.

Außerdem erholen sich Pflanzenfresser schneller als ihre Feinde von starken Verlusten, da letztere immer erst einen gewissen Anstieg der Abundanz ihrer Beutetiere abwarten müssen, ehe sie nachziehen können.

Übervermehrungen des Schwammspinners (Lymantria dispar) dauern z. B. in den USA nach chemischer Bekämpfung eindeutig länger.

Wirkung der Insektizide

- Fraßgifte – orale Aufnahme
- Kontaktgifte – wirken bei Kontakt mit der Insektenoberfläche
- Atemgifte – Aufnahme durch die Atmungsorgane

IN DER FORSTWIRTSCHAFT ANGEWENDETE INSEKTIZIDE

Synthetische Pyrethroide

Pyrethroide sind im Labor synthetisierte Verbindungen, deren chemische Struktur jener von Pyrethrum ähnelt.

Durch den Einbau von Fluor–, Chlor– oder Bromatomen wird eine größere Lichtstabilität sowie eine höhere insektizide Wirksamkeit erreicht.

Bei oraler Aufnahme weisen die meisten Pyrethroide eine geringe Toxizität gegenüber Warmblütern auf. Die akute Giftigkeit erhöht sich jedoch beträchtlich, wenn Pyrethroide über Hautverletzungen direkt ins Blut gelangen, da sie auf diesem Weg sehr schnell das Nervensystem erreichen, ohne vorher abgebaut zu werden. Die so als Nervengifte wirkenden Pyrethroide sind dann in ihrer akuten Toxizität durchaus mit den Phosphorsäureestern vergleichbar. Auch etwaige chronische Nerven– und Gehirnschäden sind nicht auszuschließen.

Da Pyrethroide fast ausschließlich Kontaktgiftwirkung und nur geringe Fraßgiftwirkung sowie keine Tiefenwirkung oder Atemgiftwirkung (geringe Dampfphase) besitzen, werden versteckt sitzende Schädlinge nicht oder nur schwer erfaßt.

Durch ihre Wasserunlöslichkeit ist ihre Mobilität im Boden nur gering.

Sie weisen ein breites Wirkungsspektrum auf, das sich über viele Ordnungen des Insektenreiches wie Lepidoptera (Schmetterlinge), Coleoptera (Käfer) und Hymenoptera (Hautflügler) erstreckt. Durch ihre breite Wirksamkeit gegen Insekten besteht die Gefahr der weitgehenden Abtötung auch von nützlichen Insekten! Die Abtötung der natürlichen Feinde der Schadinsekten, gepaart mit hoher Wirksamkeit gegen Zielorganismen und dem damit verbundenen Selektionsdruck kann eine beschleunigte Resistenzentwicklung der Schädlinge hervorrufen.

Der Marktanteil der Pyrethroide am Insektizidmarkt beträgt weltweit über 30 % mit weiter steigender Tendenz, in Österreich bezogen auf 1992, 2,3 %.

Cypermethrin

Cypermethrin wird in der Forstwirtschaft hauptsächlich als Stammschutzmittel (Insektizid gegen rindenbrütende Borkenkäfer) und zur Tauchbehandlung gegen den Großen Braunen Rüsselkäfer eingesetzt.

Die für den Forst zugelassenen Handelsprodukte Cymbigon und Cymbusch EC scheinen im Amtlichen Pflanzenschutzmittelverzeichnis 1993 noch auf.

Wirkungsweise und Umweltverhalten

Die synthetischen Pyrethroide wie Cypermethrin sind gut pflanzenverträglich und haften nach ihrer Ausbringung den Pflanzenteilen intensiv an. Verdampfung und Auswaschung sind nur gering.

Günstig zu beurteilen sind sie hinsichtlich ihres Rückstandsverhaltens, da geringe Wirkstoffmengen – im Forst werden bereits mit 2 – 3 g/ha gute Erfolge erzielt – ausreichen.

Der Abbau von Cypermethrin erfolgt durch Hydrolyse und Photolyse auf der lebenden Pflanzenzelle ohne Eindringen des Wirkstoffes, erst die Metaboliten sind in der Lage, in die Kutikula einzudringen.

In etwa vier bis sechs Wochen ist Cypermethrin auf den Pflanzenteilen etwa zur Hälfte abgebaut.

Auf der Rinde erfolgt der Abbau langsamer, wodurch die anhaltend gute Borkenkäferwirkung zu erklären ist.

Im Boden erfolgt eine rasche Anlagerung und Inaktivierung. Der Abbau erfolgt mikrobiell. Die Halbwertszeit des Wirkstoffes im Boden beträgt 10 bis 60 Tage (WULF, 1985).

Bedenklich ist die hohe akute aquatische Toxizität. Die synthetischen Pyrethroide besitzen eine mindere Bienentoxizität, da Bienen den Kontakt mit dem für sie giftigen Wirkstoff meiden (= Repellentwirkung).

Im Säugerorganismus wird Cypermethrin nach oraler Aufnahme schnell und vollständig abgebaut und innerhalb weniger Tage über den Urin ausgeschieden.

PFITZMAIER (1989) weist darauf hin, daß Cypermethrin zwar bei oraler Aufnahme als mindergiftig einzustufen sei, sich die Giftigkeit bei intravenöser Aufnahme aber um das 10–fache steigern soll. Dies kann vor allem bei Hautverletzungen ein zusätzliches Gefahrenpotential darstellen.

Für Cypermethrin soll eine Akkumulation im Gehirn nachgewiesen worden sein. Es soll darüber hinaus das Immunsystem schwächen, mutagenes Potential besitzen sowie im Verdacht stehen, sich in der Nahrungskette anzureichern.

Die Anwendung synthetischer Pyrethroide im Forst kann nicht uneingeschränkt empfohlen werden, weil ihre breite, nützlingsabtötende Wirkung den Forderungen des "Integrierten Pflanzenschutzes" widerspricht, der auf die Schonung der Nützlinge und deren Einbeziehung in das Pflanzenschutzkonzept abzielt.

Nach Untersuchungen von FUNKE (1987) führte sowohl die Behandlung der Bodenoberfläche mit Lindan als auch mit RIPCORD 40 (Wirkstoff Cypermethrin) zu einem starken Rückgang der Populationsdichte bei allen Arthropodengruppen. Er stellte fest, daß selbst extrem geringe RIPCORD–Konzentrationen auf fast alle Tiergruppen noch stark toxisch wirkten. Die mit RIPCORD behandelte Fläche wies eine hohe Individuenarmut, die mit Lindan behandelte eine hohe Artenarmut auf.

Laut FUNKE werden bei einem großflächigen Insektizideinsatz zuerst die Populationen dezimiert, die sich zumindest zeitweise auf oder nahe der Bodenoberfläche aufhalten. Dabei handelt es sich um zahlreiche Streuzersetzer und um die größeren Raubarthropoden, die wegen ihrer Größe und Mobilität in besonders hohem Maße mit den eingebrachten Giftstoffen in Kontakt kommen. Die Wiederbesiedlung des Substrates nach Abklingen der Giftwirksamkeit geht bei diesen Tiergruppen aufgrund geringer Nachkommenzahlen und langer Entwicklungszeiten meist nur sehr langsam vor sich.

▶ *Deltamethrin*

Deltamethrin ist zurzeit eines der wirksamsten Insektizide und auch für Warmblüter bei oraler Aufnahme als giftig einzustufen.

Im Forst wird es sowohl vorbeugend als auch kurativ als Stammschutzmittel gegen Borkenkäfer angewendet, zur Tauchbehandlung gegen den Großen Braunen Rüsselkäfer, als Sprühmittel gegen die Kleine Fichtenblattwespe und die Rote Kiefernbuschhornblattwespe.

Für den Forst zugelassene Handelsprodukte: DECIS.

Für Decis sind im Amtlichen Pflanzenschutzmittelverzeichnis 1993 die Einstufung Xn (mindergiftig) und die R–Sätze 10, 22, 36/38 (entzündlich, gesundheitsschädlich beim Verschlucken, reizt die Augen und die Haut) angeführt.

Wirkungsweise

Vom Säugetierorganismus wird der Wirkstoff zum größten Teil innerhalb weniger Tage über den Urin ausgeschieden, welcher keinen unveränderten Wirkstoff mehr enthält, während in den Faeces noch solcher gefunden wird.

Nach PFITZMAIER (1989) wurde eine Akkumulation von Deltamethrin im Gehirn nachgewiesen. Außerdem steht es in Verdacht, vorgeburtliche Schäden zu verursachen. Möglicherweise besitzt Deltamethrin ein mutagenes Potential. Die Möglichkeit einer Anreicherung in der Nahrungskette wird ebenfalls diskutiert.

Fenvalerat

Fenvalerat wird ebenfalls als Stammschutzmittel gegen Borkenkäfer sowie zur Tauchbehandlung gegen den Großen Braunen Rüsselkäfer als Kontakt– und Fraßinsektizid verwendet.

Das für den Forst zugelassene Handelsprodukt Sumicidin wies im Amtlichen Pflanzenschutzmittelverzeichnis 1989 die Einstufung Xn (mindergiftig) und die R–Sätze 10, 22, 36/38 (entzündlich, gesundheitsschädlich beim Verschlucken, reizt die Augen und die Haut) auf. Im Amtlichen Pflanzenschutzmittelverzeichnis 1992 scheint Sumicidin nicht mehr auf, jedoch ist das Handelsprodukt Sumi–Alpha (Wirkstoff Esfenvalerat) mit dem gleichen Anwendungsspektrum angeführt. Es weist die Einstufung mindergiftig (Xn) und die R–Sätze 10, 20/22, 38 (entzündlich, gesundheitsschädlich beim Einatmen und Verschlucken, reizt die Haut) auf.

Sumicidin–Versuche der Forstlichen Bundesversuchsanstalt (Merkenstein 1983/84) gegen den Pflanzenausfall durch Rüsselkäferfraß wiesen gute Erfolge auf. Dabei wurden dreijährig verschulte Fichten einen Tag vor der Auspflanzung bis zum Wurzelhals in eine 1,3%ige wäßrige Brühe getaucht.

Sumicidin zeigt in 0,25 %iger Konzentration zur vorbeugenden Behandlung von noch nicht entrindetem Fichten– und Kiefernholz gegen Borkenkäfer bzw. in 0,5 %iger Konzentration gegen bereits erfolgten Befall gute Wirksamkeit (RASINGER, 1986).

Wirkungsweise und Umweltverhalten

Fenvalerat ist ebenso wie Cypermethrin bienengefährlich und stark fischgiftig.

Der Wirkstoff Fenvalerat wurde als eventuelle Alternative zum Lindan–Einsatz diskutiert, einerseits wegen seiner geringeren Persistenz, andererseits wegen der geringeren Warmblütertoxizität.

Nach einer Studie von FISCHER–COLBRIE (1988) hat Fenvalerat allerdings eine verheerende Wirkung auf Nutzinsekten. Die Wirkung auf alle untersuchten Nützlingsgruppen ist extrem toxisch.

Nach oraler Aufnahme wird es bei Ratten schnell und vollständig abgebaut und innerhalb weniger Tage über die Faeces ausgeschieden.

Flucythrinate

Flucythrinate wird im Forst als Stammschutzmittel für liegendes berindetes Fichtenholz zur Vorbeugung gegen Borkenkäferbefall angewendet. Darüberhinaus kommt es zur Tauchbehandlung vorbeugend gegen den Großen Braunen Rüsselkäfer sowie als Spritzmittel bei bereits erfolgtem Befall zum Einsatz.

Das für den Forst zugelassene Handelsprodukt Cybalt wird im Amtlichen Pflanzenschutzmittelverzeichnis 1989 als mindergiftig (Xn) sowie minder bienengefährlich (mBg) eingestuft, wobei entsprechende R–Sätze ausgewiesen werden (R 20/22 ... gesundheitsschädlich beim Einatmen und Verschlucken, R 36/37/38 ... reizt die Augen, die Atmungsorgane und die Haut). Cybalt wird bereits im Amtlichen Pflanzenschutzmittelverzeichnis 1992 nicht mehr angeführt.

Wirkungsweise und Umweltverhalten

In der einschlägigen Fachliteratur wird Flucythrinate als nicht–flüchtiges und nicht–systemisches pyrethroides Insektizid mit sehr guter Dauerwirkung bezeichnet, das allerdings bei einigen Schädlingen einen Repellent–Effekt zeigt.

Hinsichtlich der Abbaueigenschaften sei gesagt, daß die Halbwertszeit in Böden mit ca. 2 Monaten angegeben wird. In Wasser wird es unter alkalischen Bedingungen schnell hydrolisiert, langsamer unter neutralen und sauren Bedingungen.

Flucythrinate ist als bienentoxisch eingestuft, zeigt aber auch eine gewisse Repellentwirkung.

Extrem toxisch wirkt es auf Fische, Regenbogenforelle (LC_{50} 0,32 mg/l; 96 Stunden).

Der Abbau im Säugerorganismus erfolgt über Hydrolyse und folgende Hydroxylierung der Hydrolyseprodukte. In Ratten werden nach oraler Aufnahme innerhalb von 24 Stunden 60 – 70 % über Faeces und Urin ausgeschieden.

Alphamethrin

Alphamethrin ist ein hoch wirksames Insektizid mit günstiger Dosis/Wirkungsbeziehung, welches mit rascher Kontaktwirkung gegen larvale und adulte Stadien der Insekten wirkt. Die ovizide Wirkung ist weniger ausgeprägt.

Im Forst kommt Alphamethrin zur vorbeugenden Behandlung von liegendem, berindetem Nadelrundholz gegen Borkenkäfer bzw. zur Tauchbehandlung vorbeugend gegen den Befall durch den Großen Braunen Rüsselkäfers zur Anwendung.

Im Amtlichen Pflanzenschutzmittelverzeichnis 1993 werden zwei Präparate mit Forstindikation angeführt:

"Arpan extra" wird als mindergiftig (Xn) und minder bienengefährlich (mBg) eingestuft und weist die R–Sätze 10, 21/22, 36/38 auf (leichtentzündlich, gesundheitsschädlich bei Berührung mit der Haut und beim Verschlucken, reizt Augen und Haut).

Für "Fastac" werden dieselbe Einstufung und dieselben R–Sätze wie für Arpan angeführt.

Wirkungsweise und Umweltverhalten

Der Abbau in Böden erfolgt durch Hydrolyse (Esterspaltung), wobei die Halbwertszeit in lehmigen Böden 13 Wochen beträgt. Die Löslichkeit in Wasser ist sehr gering (0,007 mg/l bei 20°C).

Alphamethrin ist hoch toxisch für Fische (Regenbogenforelle LC_{50} 2,8 µg/l (96 Stunden)) und bienentoxisch mit gewisser Repellentwirkung (LD_{50} 0,059 µg/Biene (24 Stunden)).

Angeblich soll Alphamethrin ebenso wie Cypermethrin "unter praktischen Bedingungen" nicht vogeltoxisch sein.

Die Eier und Larven des Nützlings Trichogramma sollen bei "normalen Aufwandmengen" nicht geschädigt werden.

Chlorierte Kohlenwasserstoffe

Chlorierte Kohlenwasserstoffe wie z. B. DDT sind in den meisten Industriestaaten verboten, werden jedoch sehr wohl in zahlreichen Entwicklungsländern noch angewendet.

Sie nehmen unter den toxikologisch bedenklichen Stoffen eine Sonderstellung ein, da die meisten eine große Persistenz, Bioakkumulation, Lipophilie und damit Anreicherung in der Nahrungskrette und im Fettgewebe aufweisen.

Lindan

Durch die Pflanzenschutzmittelverbotsverordnung, BGBl. Nr. 97/1992 sind das Inverkehrsetzen und die Verwendung des Isomerengemisches Hexachlorcyclohexan seit dem 20. Februar 1992 verboten.

Lindan ist das Gamma–Isomer des Hexachlorcyclohexan. Es kann als Atem–, Fraß– und Kontaktgift zur Wirkung kommen. γ–HCH (Lindan) mit mindestens 99,5 % Reinheit darf nur zur gewerblichen Saatgutbehandlung im Ackerbau verwendet werden (BGBl.Nr. 97/1992).

Herstellung

Lindan entsteht durch additive Chlorierung von Benzol zum Hexachlorcyclohexan Rohprodukt, aus dem in der zweiten Stufe das reine Gamma–Isomer isoliert wird.

Bei der Herstellung von 1 kg Lindan fallen 10 kg der übrigen wesentlich schädlicheren HCH–Isomere an.

In der BRD wurde das Werk des einzigen Lindan–Herstellers (Böhringer/Hamburg) geschlossen. Die Produktionsrückstände waren in hohem Maße mit dem Seveso–Gift TCDD (= Tetrachlordibenzo–Dioxin) verseucht.

Forstwirtschaftlich war es lange bedeutend als Wirkstoff in zahlreichen Stammschutzmitteln zur Borkenkäferbekämpfung und wurde darüberhinaus noch als Räuchermittel zur Bekämpfung der Kleinen Fichtenblattwespe, der Schwarzköpfigen Kiefernbuschhornblattwespe und der Tannentrieblaus verwendet.

Wirkungsweise und Umweltverhalten

Gamma–HCH hat die Fähigkeit in das Pflanzengewebe einzudringen und damit eine systemische Wirkung zu besitzen. Es kommt zu Rückständen, die sich in der Nahrungskette anreichern können.

Die Aufnahme in die Pflanze kann sowohl über die Blattfläche, als auch über die Wurzel erfolgen. Untersuchungen der deutschen Biologischen Bundesanstalt (BBA) sprechen dem Lindan nur eine geringe Resorption über die grünen Pflanzenteile sowie eine niedrige Metabolisierungsrate auf der Pflanze zu. Ein großer Teil des Wirkstoffes verdampft, ein weiterer Teil wird direkt in den Boden abgewaschen.

Auf der grobstrukturierten Rinde von Bäumen verbleibt der Wirkstoff länger und sorgt, bedingt durch eine starke Durchdringung, auch in der Dampfphase für eine anhaltend gute Wirkung, was gerade bei der Borkenkäferbekämpfung bedeutsam ist.

Nach Erkenntnissen der deutschen BBA können Lindanwerte in Rindenprodukten so hoch liegen, daß bei deren Verwendung im Gartenbau Höchstmengenüberschreitungen nicht auszuschließen sind. Aus diesem Grund besteht eine zusätzliche Kennzeichnungsauflage für lindanhaltige Mittel zur Borkenkäferbekämpfung.

Um die Verwendung von lindanhältigen Rindenprodukten für den Gartenbau auszuschließen, sind behandelte Baumstämme in geeigneter Weise zu kennzeichnen.

Lindanhältige Rinden, die in Biomasse–Verbrennungsanlagen verfeuert werden, weisen höhere Dioxingehalte im Rauchgas auf (WURST & PREY, 1991).

Im Boden wird Lindan vorwiegend durch Mikroorganismen abgebaut. An der Bodenoberfläche erfolgt der Abbau unter Lichteinwirkung. Die Halbwertszeiten für den Bodenabbau liegen zwischen 70 und 400 Tagen, je nach Bodenart und vorherrschenden Bedingungen (WULF, 1985).

Lindan wirkt durch die Störung der Funktion der Nervenbahnen. Aufgrund seines relativ hohen Dampfdrukkes besitzt es eine ausgeprägte Atemgiftwirkung. Diese Eigenschaft wird in Sprüh– und Nebelverfahren ausgewertet. Aus diesem Grund sollte auch das Einatmen von Staub und Spritznebeln vermieden werden. Für die Aufnahme von Lindan sind Jungtiere besonders empfindlich. Nach Verabreichung an Warmblüter wird Lindan in Milch, Körperfett und Nieren gefunden, aber relativ rasch wieder ausgeschieden.

Chlorierte Kohlenwasserstoffe (Hexachlorbenzol, Hexachlorcyclohexan und Isomere sowie DDT und polychlorierte Biphenyle (PCB)) konnten im Nierenfett von Wild mittels Gaschromatographie bestimmt werden. Schweizer Untersuchungen weisen für Schwarzwild eine Überschreitung der Höchstmenge (nach Höchstmengenverordnung 1982) bei HCH–Isomeren um 1,6 %, bei DDT sogar um 2,7 % aus. Bei den übrigen Wildtierarten wurden die Höchstmengen nicht überschritten (HOLM, et al. 1984).

Die EPA (U.S. Environmental Protection Agency) hat Lindan "as a posssible carcinogen" eingestuft.

Bewiesen ist, daß HCH–Isomere die Wirkung von krebserzeugenden Chemikalien verstärken können (Promotorwirkung).

Im menschlichen Körperfett wurden 0,66 bis 1,4 ppm Lindan nachgewiesen.

Aufgrund seiner starken insektiziden Breitenwirkung wirkt Lindan auch auf viele Nutzinsekten toxisch. So besitzt es eine hohe Toxizität gegen Bienen, Fische und Bodencollembolen.

Endosulfan

Endosulfan ist ein Sulfitester eines chlorierten Diols. Es besitzt ein breites Wirkungsspektrum und kommt als Kontakt– und Fraßgift zur Anwendung. In der Forstwirtschaft wird es zur Bekämpfung der Tannentrieblaus eingesetzt.

Das für den Forst zugelassene Handelsprodukt Thiodan emulgierbar wird im Amtlichen Pflanzenschutzmittelverzeichnis 1993 mit den Einstufungen mBg (minder bienengefährlich), T (giftig) und den R–Sätzen 10, 21, 25, 36/38, 40 angeführt (entzündlich, gesundheitsshädlich bei Berührung mit der Haut, giftig beim Verschlucken, reizt die Augen und die Haut, irreversibler Schaden möglich).

Zum Bezug von Thiodan ist seit Inkrafttreten der Giftverordnung 1989, BGBl. Nr. 212/1990 eine Giftbezugsbewilligung erforderlich.

Wirkungsweise und Umweltverhalten

Endosulfan vermag bei Pflanzen die Epidermis zu durchdringen und hat eine gewisse Tiefenwirkung, ist jedoch kein systemisches Insektizid. Auch empfindlichere Pflanzen werden bei Einhaltung der vorgeschriebenen Dosierung nicht geschädigt.

Es besitzt eine neurotrope Wirkung. SCHMIDT (1986) konnte nach Thiodan–Begiftung eine straffe Lähmung (Kontraktion der Muskulatur) bei Diprion pini Larven (Kiefernbuschhornblattwespe) beobachten.

Endosulfan hat eine hohe akute orale Toxizität für Warmblüter, die Gefahr einer Kumulierung in Organismen ist jedoch relativ gering, weil der Wirkstoff bei oraler Aufnahme rasch wieder ausgeschieden wird.

Für Fische ist Endosulfan extrem toxisch (z. B. Forelle LC_{50} 0,01 mg/l (48 Stunden)).

Nach SCHMIDT (1986) ist Endosulfan für eine Anzahl von Nützlingen wie Bienen, Waldameisen, Spinnen bei richtiger Dosierung (!!!) weitgehend unschädlich; Ergebnisse von Nützlingsprüfungen an Forstschutzmitteln aus näherer Vergangenheit zwingen aber zu einer kritischeren Beurteilung.

Endosulfan verschont Bienen und einige "robustere", aber keineswegs alle Nützlinge (KRIEG, et al. 1982).

Persistente Insektizide sind für die Arthropodenfauna stets schädlicher als einigermaßen flüchtige Präparate. Davon auszunehmen sind die synthetischen Pyrethroide, die noch stärker als Endosulfan auf Nützlinge wirken.

Organische Phosphorsäureester

Die Organophosphatinsektizide sind von allen Schädlingsbekämpfungsmitteln die Wirkstoffklasse mit der höchsten akuten Toxizität für Säuger. Aber anders als die sehr persistenten chlorierten Kohlenwasserstoffe werden sie temperaturabhängig relativ schnell abgebaut. Erfolgt der Abbau schnell, geht auch die Toxizität rasch zurück, bei langsamem Abbau ist die Toxizität über lange Zeit hoch.

Wirkungsweise und Umweltverhalten

Der Schwefel der Molekülverbindung wird im Körper durch Sauerstoff ersetzt. Bei diesem Vorgang kommt es zur Hemmung der Acetylcholinesterase, die Folge sind Lähmungserscheinungen.

Parathion = E 605 (Thiophosphorsäureester)

Wirkt als Fraß–, Kontakt– und Atemgift gegen beißende und saugende Insekten.

Obwohl für Parathion im Amtlichen Pflanzenschutzmittelregister nie eine "Forstindikation" ausgewiesen war, ist es in den Forstschutz–Merkblättern der Forstlichen Bundesversuchsanstalt in der Liste der für die Forstwirtschaft empfohlenen Pflanzenschutzmittel bis 1986 als Insektizid zur Bekämpfung von Borkenkäfern aufgeschienen (Handelsprodukte: E 605 forte–Universalinsektizid, E 605 Staub). Das Universalinsektizid E 605 wird im Amtlichen Pflanzenschutzmittelverzeichnis 1993 noch angeführt, allerdings ohne Forstindikation, wobei eine Einstufung von (T+ ... sehr giftig) und entsprechende R–Sätze (R 10, 24, 28 ... giftig bei Berührung mit der Haut, sehr giftig beim Verschlucken), sowie die Deklaration als stark bienengiftig (Bg) ausgewiesen werden. Aus diesem Grund wird in dieser Arbeit darauf eingegangen.

Wirkungsweise und Umweltverhalten

Parathion wirkt aufgrund des hohen Dampfdruckes auch auf die im Blatt minierenden oder sich an der Blattunterseite befindlichen Insekten. Die beim Abbau entstehenden Hydrolyseprodukte sind für Insekten und Warmblüter weitgehend untoxisch.

Tiefe Temperaturen (0 – 5° C) wirken sich ungünstig auf die Entfaltung der insektiziden Wirkung aus.

In wässriger Lösung besitzt Parathion eine hohe Beständigkeit. Seine insektizide Wirksamkeit ist deutlich höher als die der chlorierten Kohlenwasserstoffe. Seit deren Verbot hat in vielen Ländern die Bedeutung von E 605 zugenommen.

Parathion wirkt als starkes Bienengift und ist zudem sehr fischtoxisch. Darüber hinaus konnte man feststellen, daß sich bei einem wiederholten Einsatz im Freiland bei vielen Insektenarten resistente Populationen herausgebildet haben.

Malathion

Malathion wirkt vorwiegend als Kontaktgift gegen freifressende Insekten, wie die Kleine Fichtenblattwespe, gegen die Tannentrieblaus und in der Bekämpfung von Borkenkäfern. Es wurde im Forst bevorzugt eingesetzt, da es für Warmblüter wenig toxisch ist und zudem rasch abgebaut wird.

Das einzige für den Forst zugelassenes Handelsprodukt in Österreich ist Malathin, welches im Amtlichen Pflanzenschutzmittelverzeichnis 1992 als mindergiftig (Xn) und stark bienengiftig (Bg) eingestuft ist und für das die R–Sätze 10, 20/21/22 angeführt sind (gesundheitsschädlich beim Einatmen, Verschlucken und Berührung mit der Haut). Malathin scheint im Amtlichen Pflanzenschutzmittelverzeichnis 1993 nicht mehr auf.

Wirkungsweise und Umweltverhalten

Malathion ist kein Systeminsektizid, kann aber in das Pflanzengewebe eindringen. Seine Wirkungsdauer ist aufgrund des hohen Dampfdruckes relativ kurz. Um seine möglichen Einflüsse auf das Ökosystem zu erkennen, immerhin wird es im ULV–Verfahren gegen Blattwespen eingesetzt, wurden Untersuchungen über die Abbaugeschwindigkeit in Forstpflanzen durchgeführt (SMIDT, 1977).

Die Versuche zeigten, daß auf Forstpflanzen sehr unterschiedliche Abbaugeschwindigkeiten des Malathions vorkommen können, je nachdem, welchen Pflanzenteil man untersucht. Malathion reagiert mit den Inhaltsstoffen lebender und wasserreicher Zellen stärker und wird dort schneller abgebaut.

Tetrachlorvinfos

Tetrachlorvinfos ist ein Insektizid mit Berührungs– und Fraßgiftwirkung, welches die Cholinesterase hemmt.

Im Forst wird es vorbeugend gegen den Großen Braunen Rüsselkäfer eingesetzt.

Das für den Forst zugelassene Handelsprodukt Gardona Spritzpulver scheint bereits im Österreichischen Pflanzenschutzmittelverzeichnis 1992 nicht mehr auf, wohl aber noch im Amtlichen Pflanzenschutzmittelregister.

Wirkungsweise und Umweltverhalten

Es weist im allgemeinen gute Pflanzenverträglichkeit auf, ist aber bienengefährlich und fischtoxisch.

Trichlorfon

Trichlorfon ist ein Cholinesterase–hemmendes Insektizid mit Kontakt– und Fraßgiftwirkung. Angewendet wird es im Forst im ULV–Verfahren gegen Afterraupen freilebender Blattwespen und gegen Schmetterlingsraupen.

Das für den Forst zugelassene Handelsprodukt Dipterex 500 ULV scheint bereits im Pflanzenschutzmittelverzeichnis 1992 nicht mehr auf, wohl aber noch im Amtlichen Pflanzenschutzmittelregister.

Wirkungsweise und Umweltverhalten

Trichlorfon zeigt gute Pflanzenverträglichkeit, besitzt eine hohe Bienentoxizität und aquatische Toxizität.

Carbamate

Carbamat–Insektizide sind chemisch Carbaminsäureester mit zwei N–Methylgruppen. Sie finden Verwendung als Kontakt–, Fraß– und Systemgift.

Carbaryl

Durch die Pflanzenschutzmittelverbotsverordnung, BGBl. Nr. 97/1992 ist die Verwendung von Carbaryl ab 1. Jänner 1993 verboten.

Carbaryl ist das bedeutendste Carbamatinsektizid, welches vorwiegend als Berührungsgift (Kontaktinsektizid) eingesetzt wurde. Es besitzt eine lange Wirkungsdauer, wobei seine insektizide Wirkung mit zunehmender Temperatur steigt.

Carbaryl besitzt nachweislich ein mutagenes und teratogenes Potential. Außerdem weist es eine hohe Bienentoxizität auf und ist giftig für Fische und Fischnährtiere. Es wirkt auch auf viele Nützlinge wie z. B. Coccinelliden, Syrphiden, Collembolen etc.

Im Forst fand Carbaryl in einer Konzentration von 0,1 % Anwendung zur Bekämpfung der kleinen Fichtenblattwespe.

Wachstumsregulatoren

Die Steuerung des Wachstums von Tier und Pflanze erfolgt durch Hormone.

Die Insektenentwicklung wird im wesentlichen von Juvenil– und Häutungshormonen gesteuert, die den Wirbeltieren fehlen. Dies macht man sich bei der Insektenbekämpfung zunutze, wobei eine Beeinflussung des Menschen und seiner Nutztiere nicht zu erwarten ist.

Diflubenzuron

Diflubenzuron ist ein Benzolharnstoffderivat, welches die Chitinsynthese hemmt.

Im Forst eingesetzt wird es unter dem Handelsnamen Dimilin gegen Afterraupen und freifressende Schmetterlingsraupen.

Wirkungsweise und Umweltverhalten

Diflubenzuron wirkt als Fraßgift auf Insektenlarven. Es gilt als nützlingsschonend, weil es primär nur auf juvenile Insekten wirken kann, adulte Nützlinge und Parasiten dagegen nicht betroffen sind. Die Larven überleben bis zur nächsten Häutung, dann werden sie geschädigt. Histologische Untersuchungen ergaben eine Fehlbildung der Endokutikula. Der Tod tritt normalerweise kurz nach der Häutung ein; die Deformation des Außenskelettes verhindert wahrscheinlich die normalen Muskelbewegungen des neuen Stadiums.

Diflubenzuron kann darüber hinaus eine ovizide Wirkung entfalten, wobei der voll entwickelte Embryo nicht schlüpfen kann.

Die toxische Wirkung für Säugetiere und Vögel ist sehr gering, da die chitinsynthesehemmende Wirkung hier nicht zum Tragen kommt.

Erfahrungen mit Diflubenzuron in der Forstwirtschaft

Im Forst wird Diflubenzuron vor allem gegen lepidoptere Schädlinge eingesetzt.

Bei Versuchen zur Bekämpfung der Raupen des Schwammspinners reagierte ihr Parasit Apanteles melanoscelus etwa gleich empfindlich. Schwammspinner (Lymantria dispar) und Nonne (Lymantria monocha) konnten mit einer sehr niedrigen Dosis von 7,5 g/ha bekämpft werden, sodaß nur wenig Schaden unter den indifferenten Insekten entstand. Die als Prädator bekannte Raubwanze Dicromerus bidens wurde durch Nahrungsaufnahme an behandelten Raupen von Lymantria dispar nicht geschädigt.

Bei den Gespinstmotten der Gattung Yponomeuta wird das Schlüpfen der adulten Tiere schon bei einer Dosis von 7,5 g/100 l vollständig verhindert.

Die Endoparasiten (Hymenoptera und Diptera) älterer Puppenstadien wurden ebenfalls wenig beeinflußt.

In Südeuropa und Nordafrika ist der Prozessionsspinner (Thaumetopera pityocampa) ein gefährlicher Schädling. Auch er konnte durch Besprühen aus der Luft mit Applikationsmengen von 75 g/ha erfolgreich bekämpft werden, während seine Eiparasiten nicht geschädigt wurden (SCHMIDT, 1986).

Bei der Bekämpfung der Kleinen Fichtenblattwespe ist die Persistenz von Dimilin ein Vorteil (die insektizide Wirkung bleibt oft über Wochen erhalten), weil die Schwärmzeiten oft unterbrochen werden können und die letzten Larven oft erst schlüpfen, wenn die Jungen aus der ersten Eiablageperiode schon im Boden sind (DONAUBAUER, 1976).

Auch Diprion similis, Neodiprion sertifer und Blattkäfer wie Agelastica alni reagierten auf Dimilin empfindlich.

Um die Wirkung als Fraßgift auf larvale Stadien zu gewährleisten, ist es wichtig, den günstigsten Zeitpunkt der Applikation zu kennen. Nur die Bekämpfung der ersten zwei Larvenstadien ist erfolgversprechend. Zu diesem Zweck hat die Bundesanstalt für Pflanzenschutz einen eigenen "Dimilin–Warndienst" eingerichtet.

Problematisch zu beurteilen ist die relativ große Breitenwirkung, insbesondere die Beeinträchtigung vieler indifferenter Arten, die z. B. als "Parasitenreservoir" von Bedeutung sind, wird erwartet.

Ein besonders großer ökologischer Nachteil wird in der monatelangen Wirkungszeit gesehen. SKATULLA (1975) konnte bei Schwammspinnerbekämpfungsmaßnahmen noch nach 14 Wochen die volle Wirksamkeit nachweisen.

Bezüglich der Bienenverträglichkeit zeigten Untersuchungen, daß Diflubenzuron auf adulte Arbeiterinnen ohne Wirkung bleibt. Jedoch wurden Eier und Larven nach Verfütterung von Zuckersirup (Konz. > 58 mg/l Sirup) geschädigt. Konzentrationen, die im Freiland zur Bekämpfung der Blattwespen Pristiphora abietina mit 30 und 100 g/ha versprüht wurden, führten im Mittel nur zu einer Absterberate der Bienenlarven von 1,5 %.

Untersuchungen der Universität Göttingen zur Feststellung der relativen Toxizität von Dimilin für unparasitierte und parasitierte Schmetterlingsraupen zeigten, daß Dimilin für integrierte Schädlingsbekämpfungsprogramme, bei denen biophage Endoparasiten als natürliche Feinde des Schädlings eine bedeutende Rolle spielen, wegen seiner hohen Toxizität für die Parasitenlarven weniger gut geeignet zu sein scheint (HEYNEN, 1983).

Dimilin wird auch aus der Luft appliziert. Freilanduntersuchungen nach derartigen Spritzaktionen zeigten, daß 10 – 18 % der Sprühtröpfchen in einem geschlossenen Fichtenbestand den Boden erreichten. Nach dem Sprühtermin wird der Boden noch weiterhin großflächig belastet, weil der Regen das Insektizid aus dem Kronendach nach und nach in so bedeutsamen Mengen auf den Boden wäscht, daß eine hochempfindliche Collembolenart stark in Mitleidenschaft gezogen wird (KÖHLER, 1987).

Erörterung von Bekämpfungsmaßnahmen gegen die wichtigsten Forstschädlinge Österreichs (nach SCHWENKE, 1974 – 1982)

Im folgenden werden die wichtigsten Forstschädlinge in Österreich aufgelistet und die Entwicklung von Maßnahmen zu ihrer chemischen und biologischen Bekämpfung kurz dargestellt. Eine Aktualisierung dieser schon mehr als zehn Jahre zurückliegenden umfassenden Zusammenstellung ist aufgrund der Weiterentwicklung des Forstschutzes dringend notwendig (SCHWENKE, 1974–1982).

Nonne (Lymantria monacha)

Die Gefährlichkeit der Nonne–Larven besteht darin, daß sie ganze Fichtenbestände (bzw. auch Kiefern) kahlfressen.

Chemische Bekämpfungsmaßnahmen

- Ausbringung von synthetischen Insektiziden vom Flugzeug aus
  * bis 1970 allgemein DDT–Präparate
  * nach deren Verbot in den meisten europäischen Ländern andere Chlorkohlenwasserstoffe, Carbamate, Phosphorsäureester
  * in den letzten Jahren Dimilin

Biologische Bekämpfung

- Kernpolyedrose durch Virusinfektion
  * Problem: Notwendigkeit der Züchtung der Viren in ihren Wirten sowie die lange Inkubationszeit
- Bacillus thuringiensis
  * Nonnenraupen sind dagegen recht widerstandsfähig
- Schwammspinnerlockstoff "DISPARLURE" mit der Verwirrungsmethode

Waldbauliche Maßnahmen

- Waldbauliche Umgestaltung der Waldökosysteme
  * Die Nonnengradationen sind dort am häufigsten und stärksten, wo Fichte und Kiefer außerhalb ihres natürlichen Verbreitungsareals wachsen und wo das Waldbild vom Laubnadelmischwald zum gleichaltrigen Nadelholzreinbestand umgewandelt wurde.

Schwammspinner (Lymantria dispar)

Die Bekämpfung des Schwammspinners wird man heute nur noch dort ins Auge fassen, wo der Schwammspinnerfraß mit einem erheblichen Eichensterben verbunden ist.

Chemische Bekämpfungsmaßnahmen

- HCH–Präparate zeigten in der Vergangenheit aufgrund der leichten Verdampfbarkeit des Wirkstoffes ungenügende Wirkung.
- Carbaryl (hoch wirksam), seit 1.1.1993 verboten
- Dimilin ist auf dem besten Weg, die herkömmlichen ökologisch unvertretbaren Insektizide im Forstschutz zu verdrängen.

Biologische Bekämpfungsmaßnahmen

- Bacillus thuringiensis: dort, wo es keiner 100%igen Abtötung der Raupen bedarf

- Pilz Spicaria farinosa, Puppenräuber Calosoma sycophanta, Schlupfwespen der Gattung Apanteles
- Verwirrungsmethode mittels "Disparlure" oder Sterilisationsmethode

Waldbauliche Maßnahmen

- Bestände so dicht wie möglich halten, um das den Schwammspinner fördernde Licht abzuschwächen

Forleule (Panolis flammea)

Dieser Schmetterling ist auf Kieferarten spezialisiert; der Kahlfraß im Juni/Juli, wenn die Knospen für das nächste Jahr noch nicht entwickelt sind, führt den Tod der Bäume herbei.

Chemische Bekämpfungsmaßnahmen

- organisch–synthetische Insektizide in Staubform (wegen Abdrift sehr umweltgefährdend (!)) oder flüssiger Form
- Dimilin

Biologische Bekämpfung

- Puppenparasit Dirhincus alboannulatus (gute Erfolge mit dem im Labor in Massen gezüchteten Gegenspieler wurden auf kleiner Fläche erzielt)
- Bacillus thuringiensis: Forleulenraupen sind gegen diesen sehr widerstandsfähig

Großer Brauner Rüsselkäfer (Hylobius abietis)

Chemische Bekämpfungsmaßnahmen

- Da die Nadelbaumkulturen lange Zeit dem Rüsselkäferfraß ausgesetzt sind, setzte man (bis zu dessen Verbot) hauptsächlich DDT in 1%iger Konzentration ein, welches aufgrund seiner enormen Persistenz eine lange Dauerwirkung besitzt.
- Fraßabschreckende Beläge durch Tauchen der Pflanzen in Lindanbrühe (0,8 – 1,5 %ig) vor dem Auspflanzen. Seit dessen Verbot mit 20.2.1992 wurden sie durch synthetische Pyrethroide abgelöst.
- Bei der Behandlung der Pflanzen in den Kulturen muß bedacht werden, daß einerseits mehr Mittel verbraucht wird und dieses neben die Pflanzen auf den Boden gelangt.
- Behandlung des Substrates, das mit den Ballenpflanzen auf die Kultur kommt, mit systemischen Insektiziden (extrem umweltbedenklich!).
- Kombination von subletalen Insektiziddosen und Sporen des pathogenen Pilzes Beauveria bassiana zeitigten bereits gute Erfolge.

Biologische Bekämpfungsmaßnahmen

Laut SCHWENKE zurzeit nicht möglich.

Andere Bekämpfungsmaßnahmen

- Fanggräben (Problem: fliegende Rüsselkäfer)
- Fallen in Form von Fangknüppeln
- Fangrinden und Fangreisig
  - Probleme: Genügend große Dichte der Fallen und häufige Erneuerung der freiliegenden Lockmittel

Waldbauliche Maßnahmen

- Schlagruhe: Warten mit dem Pflanzen, bis sowohl die Invasion als auch das Schlüpfen der Jungkäfer vorbei ist (April – Mai der 3. Vegetationsperiode bei zweijähriger Generation)
- Räumen des Schlages, Verbrennen von Hiebsabfall und Stockrodung mindert die Einwanderung der Rüsselkäfer.

- Auswahl der Pflanzen nach Größe, Anzahl und Art.
- Größere Pflanzen werden in höherem Grad befallen, überleben den Fraß aber besser als kleinere.

Borkenkäfer

A) Bekämpfung von Rindenbrütern

- *Fangbäume*

  Es handelt sich um noch unbefallene Bäume, die während einer bestimmten Zeit nach der Fällung aufgrund ihres physiologischen Zustandes besondere Anlockwirkung auf schwärmende Borkenkäfer ausüben. Für Arten, die vorzugsweise in schwächerem Material brüten (z. B. Pityogones chalcographus), werden dementsprechend Wipfelstücke und Reisig zur Anlockung der Käfer als Fangmaterial verwendet.

Chemische Bekämpfungsmaßnahmen

- Stammbegiftung:

  Eingesetzt werden Insektizide auf Hexachlorcyclohexan–Basis (in Österreich verboten seit 20.2.1992) und synthetische Pyrethroide in Form von Spritzbrühen.
- "Giftfangbäume":

  Diese stellen eine Kombination mit der herkömmlichen Fangbaummethode dar.

  Durch Ausbringung synthetischer Pheromone kann die Anlockwirkung der Giftfangbäume noch verstärkt werden.
- Neben der direkten Bekämpfung der Borkenkäfer bei akuter Gefahr von Übermehrungen wird auch länger im Wald lagerndes, berindetes Stamm– und Schichtholz mit HCH–Präparaten behandelt, um einem stets möglichen Befall durch rindenbrütende Borkenkäferarten vorzubeugen.
- Lange Zeit wurde eine Methode praktiziert, die durch Nebeln und Räuchern mit HCH–Präparaten die Käfer während der Schwärmzeit sehr wirksam zu bekämpfen vermochte, aber aufgrund der damit verbundenen Umweltgefährdung (Aerosolform) sehr kritisch zu beurteilen war.

B) Bekämpfung von Holzbrütern

- Frühzeitige Abfuhr des Stammholzes sowie sofortige Entrindung zur Befallsvorbeugung sind noch immer am wirksamsten.

Chemische Bekämpfungsmaßnahmen

- Vorbeugende Begiftung durch Spritzen oder Besprühen der Stämme mit HCH–Präparaten in wässriger Brühe (Die Bekämpfung nach eingetretenem Befall ist nur dann zielführend, wenn die Käfer sich noch im Anfangsstadium des Gangbauens befinden).

Biologische Bekämpfung von Borkenkäfern

- Durch Förderung der natürlichen Feinde
  * Anreicherung des Ameisenbuntkäfers
  * Ansiedlung der Roten Waldameise
  * Versprühen von Sporen des insektenpathogenen Pilzes Beauveria bassiana an Überwinterungsplätzen
  * Ansetzen der auf Ersatzwirten gezüchteten Milbe Pyemotes scolyti gegen Ulmensplintkäfer.

Waldbauliche Maßnahmen

Erziehung gesunder, gestufter Mischbestände sowie regelmäßige Pflege in Form von Durchforstungen, beziehungsweise Durchführung aller Maßnahmen, die unter den Begriff einer "sauberen Wirtschaft" subsumiert werden können.

Vorbeugung durch ständige Überwachung der Populationsdichte ist unerläßlich.

Gemeine Kiefernbuschhornblattwespe (Diprion pini)

Chemische Bekämpfungsmaßnahmen

* Vor rund 25 Jahren wurde nach einer Gradation in Bayern DDT in Dieselöl vom Helikopter aus versprüht.
* In letzter Zeit erzielte man gute Erfolge mit Dimilin: Die Bekämpfung richtet sich gegen die Junglarven, wobei infolge des oft verzögerten, mehrgipfeligen Schlüpfverlaufes ein ausreichend persistentes Präparat wie Dimilin angebracht ist.

Biologische Bekämpfung

* Versuche mit verschiedenen Kokonparasiten (Dahlbominus fuscipennis, Tritneptis spp.) zeitigen nur lokale Erfolge.
* Vorbeugung gegen Gradationen durch Ameisenhege und Vogelschutz.

Kleine Fichtenblattwespe (Pristiphora abietina)

Chemische Bekämpfungsmaßnahmen

- Der richtige Bekämpfungszeitpunkt ist wegen der kurzen Larvenzeit und der manchmal zeitlich verschobenen Larvalentwicklung schwer zu bestimmen.
- Eingesetzt wurden lange Zeit Chlorkohlenwasserstoffe (DDT und HCH), Phosphorsäureester oder Carbamate.
- Der Einsatz von Nebel–Geräten und Räucherpräparaten wie "Kerfex–Nebel", welche sich laut SCHWENKE bei der Bekämpfung in jüngeren Beständen bewährt haben, ist umwelthygienisch abzulehnen.
- In älteren Beständen empfiehlt SCHWENKE die Ausbringung vom Flugzeug oder Hubschrauber aus, z. B. Malathion im ULV–Verfahren.
- Das Einsetzen von Stäubegeräten ist aus Gründen der Abdrift abzulehnen (die Zulassung aller Stäubemittel wurde in der BRD am 2. Dezember 1985 widerrufen, wobei auch konsequenterweise die Stäubegeräte gestrichen wurden).

Biologische Bekämpfung

- Bacillus thuringiensis
- Förderung der Roten Waldameise als biotischer Regelfaktor

Waldbauliche Maßnahmen

- Einbringung von Laubhölzern
- Hochdurchforstung zur Auflockerung der Rohhumusschichten durch beschleunigten biologischen Abbau
- Ersatz von standortsfremden Fichtenmonokulturen durch naturgemäßere Holzarten im Rahmen der Betriebsplanung

Flugzeugeinsatz zur Bekämpfung von Forstschädlingen

Der Flugzeugeinsatz zur Bekämpfung von Forstschädlingen sollte grundsätzlich nur in Ausnahmefällen und auch dann nur mit "umweltschonenden " Präparaten gestattet werden, wenn das Ökosystem Wald Gefahr läuft vernichtet zu werden. Wie am Ende des Kap. "Wachstumsregulatoren" gezeigt wurde, gibt es keine chemische Bekämpfungsmaßnahme, die nur selektiv ohne Nebenwirkungen auf das Ökosystem wirkt. Sollte die chemische Bekämpfung aber die einzige Möglichkeit zur Rettung des Ökosystems Wald sein, sollte das Mittel gewählt werden, das die Umwelt am wenigsten belastet.

Wenn nach sorgfältiger Überwachung nur der Einzelausfall von Bäumen und Zuwachsverluste prognostiziert werden, ist von einer chemischen Bekämpfung in jedem Fall abzuraten; lediglich wenn der Kahlfraß ganzer Bestände droht und deren Erhalt gefährdet ist, sollte chemischer Pflanzenschutz zum Einsatz kommen. In Notsituationen, wenn der Schädling im Kronenraum sitzt (Nonne, Blattwespen), kann der Flugzeugeinsatz der letzte Ausweg sein. Manche Experten sehen es als Vorteil an, daß beim ULV–Verfahren aufgrund der geringen Tröpfchengröße wesentlich weniger abrinnt als beim Spritzen (bei dieser Methode beträgt jedoch die Wirkstoffkonzentration nur einen Bruchteil derjenigen des ULV–Wirkstoffkonzentrates).

Exkurs: Hinweise zum Flugzeugeinsatz

- In Österreich muß eine derartige Aktion entsprechend dem Forstrechts–Bereinigungsgesetz BGBl. 222/1962 § 31 und dem Luftfahrtgesetz BGBl.Nr. 253/1957 § 133 durch Verordnung des Landeshauptmannes genehmigt werden.
- Die geplante Aktion muß von der zuständigen Rechtsabteilung zeitgerecht veröffentlicht werden.
- Vor Entscheidung über den Einsatz sollte ein lokal tätiger Naturschutzbeauftragter zu Rate gezogen werden.
- Falls auch dieser die Flugzeugbekämpfungsmaßnahme als letzten Ausweg ansieht, ist die Bevölkerung zeitgerecht durch die Presse und mehrmalige Kundgebungen über den Einsatz zu informieren.
- An den äußeren Begrenzungen des Bekämpfungsgebietes sind in kürzeren Abständen Warntafeln aufzustellen, darüber hinaus sind die Flugbahnen deutlich zu markieren (Signalisierungsballons).
- Am Tag der Befliegung ist das Gebiet unter Miteinbeziehung eines Sicherheitsstreifens hermetisch durch Beamte des Forstdienstes sowie Gendarmeriebeamte abzuriegeln.
- Die Befliegung muß abends mit Starrflüglern durchgeführt werden, weil eine hohe Luftfeuchtigkeit erforderlich ist, damit das Mittel nicht aufgrund seiner geringen Tröpfchengröße schon in der Luft vertrocknet.
- Die Nadeln der besprühten Bestände müssen trocken sein.
- Aufgrund der hohen Abdrift und Verwehung bei Wind muß absolute (!) Windstille herrschen.
- Mit Einsetzen der Thermik (durch Erwärmung des Bodens vertikale Luftströmung) dürfen Pflanzenschutzmittel nicht mehr mit Luftfahrzeugen ausgebracht werden.

Unvermeidbare Risiken

- Die hohe Konzentration des Wirkstoffes beim ULV–Verfahren gefährdet auch Prädatoren, indifferente Insekten und Bienen.
- Die gleichmäßige Verteilung des Mittels im Kronenraum ist nicht gewährleistet.
- Der Regen wäscht das Mittel nach und nach vom Kronenraum in den Boden und beeinträchtigt so die Bodenfauna.
- Die Gefahr, daß das Mittel bei aufkommendem leichten Wind weit vertragen wird, ist enorm.

GENERELLE RICHTLINIEN FÜR DEN VORBEUGENDEN FORSTSCHUTZ

siehe auch TEIL GRUNDLAGEN, "Nicht–chemische Alternativen" und TEIL HERBIZIDE, "Waldbauliche Maßnahmen zur Vermeidung oder Einschränkung des Herbizideinsatzes

Der Forstschutz sollte den Schwerpunkt der Maßnahmen in der Vorbeugung haben:
- Verhinderung der Anfälligkeit der Bestände
- Routinemäßige Kontrolle und Niedrighaltung der Populationsdichte von Schädlingen

Waldbauliche Maßnahmen

Standortsgemäße Baumartenwahl

Es konnte beobachtet werden, daß die Häufigkeit von Schadereignissen durch Insektenkalamitäten außerhalb des natürlichen Verbreitungsgebietes der Baumarten überproportional zunimmt. Der Grund dafür ist, daß die natürlichen Verbreitungsgrenzen der Baumarten meist nicht im Optimum der Verbreitung der Insekten liegen, die in (an) diesen Baumarten Schaden anrichten.

Untersuchungen zeigen, daß dies darin begründet liegen könnte, daß die Wärmemenge, die die Insekten benötigen, um sich entwickeln zu können, über der Wärmemenge liegt, die die Pflanzen brauchen.

In den Randbereichen des natürlichen Vorkommens einer Baumart hat diese nicht mehr ihr physiologisches Optimum und ist daher verstärkt anfällig gegen Schadinsekten.

In den 70er Jahren trat im Raum Radkersburg (Steiermark) an allen Altersklassen der Fichte, die hier nicht standortgemäß ist, eine Kalamität der Kleinen Fichtenblattwespe auf, infolge deren Übervermehrung man sich gezwungen sah, zu chemischen Bekämpfungsmaßnahmen überzugehen. Aufgrund der Vitalitätsschwäche der Altbestände sah man im ULV–Verfahren vom Flugzeug aus (mit Malathion) laut Aussage der Forstlichen Bundesversuchsanstalt die einzige Chance, den Bestand zu retten (SMIDT, 1977).

Innerhalb der natürlichen Verbreitung der Baumart treten zwar auch Schäden auf, diese sind aber sehr eng begrenzt und von den örtlichen Gegebenheiten abhängig (zu trockene oder zu nasse Standorte).

Grundsätzlich ist eine Naturverjüngung der künstlichen Verjüngung vorzuziehen, da sie sich als bedeutend widerstandsfähiger gegenüber Schadeinflüssen erwiesen hat. Dort aber wo auf eine künstliche Verjüngung nicht verzichtet werden kann, müssen Standortsgegebenheiten größtmöglich berücksichtigt werden, um den höchsten Grad an Widerstandskraft erreichen zu können.

Schonende Holzernte

Bei der Nutzung (Erntehieb, Pflege und Holzbringung) können Schäden am verbleibenden Bestand naturgemäß nur bedingt vermieden werden. Die solchermaßen beschädigten Bäume sind in der Folge je nach Schädigung in ihrer Widerstandskraft beeinträchtigt und damit auch anfälliger für Insektenbefall. Der Auswahl schonender Holzernteverfahren und ihrer bestmöglichen Anwendung kommt daher eine wesentliche Rolle bei der Vorbeugung gegen Schädlingsbefall zu.

LOBINGER (1993) empfiehlt, bei der Maschinenentrindung die Aufhäufung von der Rinde auf über 50 cm. Die in der Folge im Rindenhaufen entstehenden Temperaturen bzw. Pilzentwicklung führen zur sicheren Abtötung der Käfer und erlauben damit den Verzicht auf Insektizide.

Waldhygienische Maßnahmen

- Beseitigung liegenden, unverwertbaren Holzes, wo es die Käfersituation erfordert (=> z. B. Zerhacken mit anschließendem Verblasen in den Bestand).
- Verkürzung der Holzlagerzeiten im Wald sowie Entrindung des Holzes im Wald.
- Rechtzeitiger Einschlag und Entseuchung befallener Bäume. Am umweltschonendsten ist die Methode des Entrindens, solange die Brut noch “weiß” ist (Ei bis höchstens Puppe). Dabei wird die Rinde samt Brut auf Plastikplanen geschält und in große Plastiksäcke abgefüllt, die dann ein paar Wochen sonnenexponiert im Wald gelagert werden. Durch die hohe Temperatur und Luftfeuchte werden die Käfer in kürzester Zeit eliminiert.

MÖGLICHKEITEN UMWELTSCHONENDER BEKÄMPFUNGSVERFAHREN

siehe auch TEIL GRUNDLAGEN, "Nicht–chemische Alternativen" und TEIL HERBIZIDE, "Waldbauliche Maßnahmen zur Vermeidung oder Einschränkung des Herbizideinsatzes

Regulierung der Populationsdichte der Schadinsekten

Natürliche Regelung durch Antagonisten

- Räuberische Tiere (meist polyphage Arten z. B. Ameise, Laufkäfer, Florfliege)
- Parasiten (z. B. Raupenfliegen, Schlupfwespen)
- Krankheiten bzw. Mikroorganismen (Pathogene)

Durch die Antagonisten sollte versucht werden, die Populationsdichte auf Latenzniveau zu halten (= niedriges Dichteniveau). Für polyphage Arten (= nicht spezialisierte) sollten gute Lebensbedingungen geschaffen werden, weil sie als natürliche Feinde besonders dann eine Rolle spielen, wenn die Latenz in eine Gradation übergeht. Spezialisierte Arten, die ihre Population auch in der Latenzphase der Schadinsekten aufrecht erhalten können, kommen zum Zeitpunkt der Gradation nur schwer an die notwendige Dichte heran.

In Italien, berichtet der Forstschutzbeauftragte Südtirols (HELLRIEGEL, 1988), vertritt man grundsätzlich, im Wald als letztem Naturreservoir Schädlinge nicht mit chemischen Mitteln zu bekämpfen. "Rückschläge" werden dafür in Kauf genommen. Dabei ist festzuhalten, daß dort aufgrund günstiger klimatischer Verhältnisse und der weitgehend natürlichen und damit ökologisch stabilen Waldausstattung großflächig bestandeszerstörende Schädlingspopulationen grundsätzlich seltener auftreten.

Günstige Bedingungen für Antagonisten können durch strukturelle Diversität beispielsweise mittels Auflockerung der Bestandesstrukturen durch Waldränder erreicht werden, weil dann genügend ökologische Nischen für gewisse Räuber vorhanden sind. Auch die Artendiversität ist von Bedeutung, denn je höher diese ist, umso verzweigter ist das Nahrungsnetz und umso größer sind die Regulationsmechanismen.

Die größte ökologische Elastizität besitzt der Naturwald. Je weiter sich der Wirtschaftswald von den natürlichen Gegebenheiten entfernt (durch gleichförmigen Bestandesaufbau und geringe Artenvielfalt in Monokulturen), desto größer ist das Risiko, daß damit die Elastizität nachläßt und die natürlichen Regulationsprozesse nicht mehr gewährleistet sind.

Biologische Bekämpfung durch Pathogene

Pathogene (Bakterien, Protozoen, Viren etc.) rufen bei Insekten typische Krankheitserscheinungen hervor und bewirken im Normalfall den Tod des Insekts.

Zur biologischen Bekämpfung verfügbar sind "fakultative Pathogene", die nicht direkt an einen Wirt gebunden sind. Ihre Herstellung kann einfacher vollzogen werden als die der "obligaten Pathogene", die sehr wirtsspezifisch sind.

• *Bacillus thuringiensis*

Unter der Handelsbezeichnung "Dipel" ist es derzeit das einzige erhältliche biologische Bekämpfungsmittel, für das allerdings im Amtlichen Pflanzenschutzmittelverzeichnis 1992 noch keine Forstindikation ausgewiesen ist (müßte nachgeholt werden). Neben der Spore des Bacillus thuringiensis bildet sich ein parasporaler Proteinkörper, der höchsttoxisch wirkt. Er enthält Endotoxin, welches zu irreversiblen Schäden des Darmes führt.

Die Wirksamkeit des Bacillus thuringiensis ist auf Schmetterlingsraupen beschränkt. Es stellte sich jedoch heraus, daß sich speziell versteckt fressende Raupen mit dem Bacillus thuringiensis nur schwer bekämpfen lassen.

Im Forst wurde "Dipel" schon gegen den Eichenwickler, Goldafter, Kleinen Frostspanner, Ringelspinner, Schwammspinner, Kiefernspanner und die Nonne erfolgreich ausprobiert.

Alle größeren Operationen im Forst wurden mit Flugzeugen ausgeführt.

Wirkungsweise und Umweltverhalten

Für Warmblüter und Arthropoden ist der Bacillus thuringiensis, soweit bekannt, ungefährlich.

Auch soll es zu keiner Anreicherung von B. thuringiensis in der Nahrungskette kommen (im Gegensatz zu persistenten chemischen Insektiziden) und (im Gegensatz zu anderen Krankheitserregern) zu keiner Vermehrung oder epidemischen Ausbreitung im Biotop. Eine Aufnahme von B. thuringiensis–Sporen mit dem Trinkwasser soll hygienisch tolerierbar sein. (Die deutsche Trinkwasserverordnung toleriert 20.000 Keime pro Liter Trinkwasser!).

Die Spore von Bacillus thuringiensis ist UV–empfindlich und hält direktem Sonnenlicht nicht länger als eine Stunde stand. Der Bekämpfungserfolg kann durch eine UV–Inaktivierung der Sporen in den Spritzbelägen negativ beeinflußt werden.

Bacillus thuringiensis wirkt als reines Fraßgift. Der Ausbringungszeitpunkt ist so zu wählen, daß Bäume und Büsche schon ausgetrieben haben. Bei unterschiedlichen Austreibungszeitpunkten können sich bei der Bekämpfung große Probleme ergeben.

Erfahrungen mit Bacillus thuringiensis

* In den vergangenen Jahren hatte man mit großen Problemen zu kämpfen, verursacht durch Goldafterbefall von Büschen und Bäumen entlang von Straßen. Die Bekämpfung mit Bacillus thuringiensis zeitigte gute Erfolge durch gesteigerte Parasitierung der Goldafterlarven.
* Bacillus thuringiensis ist zur Bekämpfung bestandesgefährdender Gradationen bedingt geeignet. Dem Ausbringungszeitpunkt kommt eine besonders wichtige Rolle zu.

• *Polyeder–Viren*

Polyeder–Viren rufen die Krankheit Polyedrose hervor und sind forstwirtschaftlich v.a. bei der Bekämpfung von Blattwespen von Bedeutung.

Die Polyeder sind hochmolekulare Proteine, die dichtgepackt und fast kristallin sind. Innen eingepackt befinden sich mehrere Nukleocapside (= Viron).

Wird der Polyeder von der Raupe gefressen, wird er durch den Darmsaft gelöst, wobei die Virons frei werden, die dann durch die Darmwand in den Körper gelangen. Sie greifen in den Stoffwechsel der Zelle ein, indem sie die genetische Information der Organismuszelle unterdrücken und im Zellkern der Wirtszelle neue Polyeder entstehen lassen.

Bekämpfungsversuche mit Polyeder–Viren wurden bei Neodiprion sertifer durch Besprühen mit einer Polyedersuspension bereits erfolgreich durchgeführt.

Auch in Nordamerika konnten bei der Bekämpfung verschiedener Blattwespenarten gute Erfolge erzielt werden.

Die Wipfelkrankheit, eine Polyedrose der Nonne, bei der viruskranke Raupen klumpig von den Wipfeln der Bäume fallen, ist schon seit 150 Jahren bekannt.

Das Forschungsinstitut der Universität Freiburg führt bereits Versuche mit an Raupenzuchten vermehrten Nonnen–Polyedern durch.

Probleme bei Viren

Viren sind schwer in Massen zu produzieren und nicht unbegrenzt haltbar, sowie UV–empfindlich. Auch humangenetisch könnten sie gefährlich werden, da bei Viren Mutationen möglich sind.

- ***Pathogene Pilze***

Der insektenpathogene Pilz Beauveria bassiana könnte als umweltverträgliche Alternative zu chemischen Insektiziden bei der Bekämpfung des Großen Braunen Rüsselkäfers in Frage kommen. Erste Freilandversuche brachten ermutigende Ergebnisse (FÜHRER und MAYER, 1985).

Populationsverdünnung durch Pheromone oder Sterilpartnerverfahren

- ***Sterilpartnerverfahren* (= genetisches Bekämpfungsverfahren)**

In der Latenzphase wird ein Gebiet mit künstlich sterilisierten Männchen (Autozidverfahren) überflutet. Die Freilassung sollte während der Flugzeit stattfinden. Das Verhältnis von sterilisierten zu nicht sterilisierten Männchen sollte 9 : 1 betragen.

Bei einer Anwendung über mehrere Generationen könnte eine Population unter Umständen ausgerottet sein.

Für den forstlichen Bereich ist das Verfahren allerdings noch nicht rationell genug.

- ***Pheromone* (Aggregationspheromone, Sexualpheromone)**

Lockstoff–Fallen, eingebunden in ein integriertes Bekämpfungskonzept mit Maßnahmen zur Verbesserung der Waldhygiene, haben sich zur Abschöpfung hoher Käferpopulationen in der Praxis bewährt.

Dabei ist es wichtig, daß man den anfallenden Schlagabraum entfernt, um den Käfern Brutmaterial zu entziehen. Auch sollte ein Sicherheitsabstand der Borkenkäferfallen von 10 – 15 m zu benachbarten Bäumen eingehalten werden, um einen Neubefall durch die hohe Borkenkäferkonzentration im Bereich der Fallen zu verhindern.

Ein Konzept, bei dem benachbarte Fichten zur Vermeidung des Stehendbefalls mit Giftmanschetten versehen wurden bzw. die Kombination von Giftfangbäumen mit Lockstoffen ist aus heutiger Sicht ökologisch fragwürdig.

Bis jetzt stehen biotechnische Verfahren zur Bekämpfung von drei wichtigen Borkenkäferarten zur Verfügung:

* gegen den Buchdrucker
* gegen den Kupferstecher
* gegen den Nutzholzborkenkäfer

Die Borkenkäferlockstoffe bestehen aus käferbürtigen und wirtsspezifischen Lockstoff–Komponenten, die synergistisch wirken.

Beim Buchdrucker erfolgt die Fernanlockung durch (S) –cis–Verbenol, das Landen und Einbohren wird durch 2–Methyl–3–buten–2–ol =(MB) gesteuert. Dabei spielen bei der Nahanlockung und beim Einbohren baumbürtige Substanzen (z. B. alpha–Pinen) und optische sowie mechanische Reize (Baumsilhouetten, Rindenschuppen) eine Rolle. Versuche zeigten, daß durch eine Zusatzbeköderung des Buchdrucker–Lockstoffpräparates PHEROPRAX mit MB–Dispensern zur Erhöhung der Lockwirkung im Nahbereich die Fangleistung erheblich gesteigert werden konnte.

Beim Gestreiften Nutzholzborkenkäfer beruht die Fernlockwirkung auf der käferbürtigen Substanz Lineatin, Landen und Einbohren werden durch die wirtseigenen Stoffe Ethanol und alpha–Pinen gesteuert. Zum herkömmlichen Lockstoffpräparat LINOPRAX wurde durch Zusatzbeköderung mit Ethanol und alpha–Pinen die Fangleistung wesentlich erhöht.

Die Ergebnisse geben Grund zur Hoffnung, dem ökologischen Waldschutz zum Durchbruch zu verhelfen, da in den vergangenen Jahren schätzungsweise 90 % des im Forst eingesetzten Lindans (in der BRD) zum vorbeugenden Schutz gegen Nutzholzborkenkäferbefall eingesetzt wurde.

Seit 1987 ist auch ein Lockstoffpräparat (CHALCOPRAX) gegen den Kupferstecher im Handel. Seine Bekämpfung gestaltet sich insoferne schwieriger, weil dieser Käfer auch im schwächsten Schlagabraum (umso wichtiger die Beachtung des Prinzips der Waldhygiene) brüten kann, ebenso im unübersichtlichen Bestandesalter der Dickungen.

In jüngster Zeit beginnt man sich für die Lockstoffe von Borkenkäfern zu interessieren (z. B. Hylurgops palliatus, Dryocoetes autographus), die ausschließlich "temporäre Habitate", wie Abraum, befallen. Wenn ihre Massenanlockung gelänge, könnte entsprechend markiertes Schadholz aus Windwurf und Schneebruch aggressiven Schädlingen als Brutstätte entzogen werden.

Die derzeit am Markt erhältlichen Fallensysteme

* Theyson–Schlitzfalle
* Röchling–Flachtrichterfalle
* Norwegische Kammerrohrfalle

sind sowohl zur Überwachung (Monitoring) als auch zum Massenfang forstschädlicher Borkenkäfer geeignet. Mehr als die doppelte Käferzahl soll bei gleicher Lockstoffmenge mit aus drei Einzelfallen zusammengefügten Dreifallensternen gefangen werden.

Pheromonfallen reduzieren vor allem der Primärbefall rindenbrütender Borkenkäfer um 70 % bis 80 % (DIMITRI, 1992).

Die in jüngster Zeit entdeckten Antipheromone (= Ablenkstoffe), mit denen sich Borkenkäfer normalerweise vor Überbesiedlung schützen, eröffnen wahrscheinlich in den nächsten Jahren den Weg zu einer insektizidfreien Borkenkäferbekämpfung.

Eine Insektizidanwendung gegen Borkenkäfer sollte aus ökologischen Gründen nur eine Notlösung (wenn z. B. eine Massenvermehrung prognostiziert wird) darstellen.

In der BRD werden Giftmanschetten bevorzugt mit Ripcord 40 (Giftstoff: Cypermethrin) versehen. Entgegen der allgemein bekannten Meinung zeigten Untersuchungen, bei denen der Photoelektrotest und der Stechrohrtest angewendet wurden, daß das besagte Mittel die Tiergesellschaften des Bodens außerordentlich stark beeinflußt.

Eine weitere Bekämpfungsalternative gegen Borkenkäfer könnte die methamidophoshältige IPIDEX–Paste, welche am stehenden Fangbaum im Saftstromverfahren wirkt, darstellen. Allerdings ist Methamidophos für den Menschen toxisch (GABRIEL, 1992; BOMBOSCH et al., 1992; BOMBOSCH et al., 1993).

Auch zur *Nonnenkontrolle* werden Lockstoffe eingesetzt. Der Sexuallockstoff des Schwammspinners "DISPARLURE" soll durch Desorientierung der Nonnenmännchen eine Reduktion der Nachkommenschaft bewirken.

Dazu werden in gefährdeten Beständen Pheromonleimtafeln mit einer Mindestgröße von 1 x 0,5 m verwendet. In der Praxis werden Einzeltafeln (= Streutafeln) mit einem durchschnittlichen Wirkraum von 2,63 ha aufgestellt.

Um die *Nonnendichte/ha* zu errechnen, wird das jährliche Nonnenfangergebnis pro Streutafel mit dem Faktor 0,38 multipliziert.

Formel: No/ha = No/Ta x 0,38

Die ständige Überwachung der Populationsdichte ist wichtig, um zeitgerecht eingreifen zu können. Das Problem bei der obengenannten Methode ist, daß keine Aussage über das Einzugsgebiet der Falter getätigt werden kann.

Derzeit ist ein Verfahren in Probe (Verwirrungsmethode), das versucht, durch dauernde Überflutung eines bestimmten Gebietes mit Disparlure während der Paarungszeit die Männchen so zu irritieren, daß sie untätig bleiben. Dabei muß die Überschwemmung mit dem Sexuallockstoff die ganze Flugzeit über anhalten. Vom Flugzeug aus werden Kapseln abgeworfen, aus denen der Lockstoff diffundiert.

Es bleibt zu wünschen, daß die beschriebenen Verfahren und die Möglichkeit einer Virusbekämpfung der Nonne für den Einsatz in der Praxis zweckmäßig werden, um auf eine chemische Bekämpfung mit synthetischen Pyrethroiden vom Flugzeug aus in Zukunft verzichten zu können.

LITERATURVERZEICHNIS INSEKTIZIDE

ALTENKIRCH, W. und BOGENSCHÜTZ, H. (1986)
Ergebnisse von Nützlingsprüfungen an Forstschutzmitteln. Der Forst- und Holzwirt, 7, S. 173–176

BOMBOSCH, S. (1986)
Zur Entwicklung der Borkenkäferbekämpfung. Allg. Forstzeitschrift 9/10, S. 218–220

BOMBOSCH, S., DEDEK, W., PAPE, J. (1992)
Zum Saftstromverfahren mit IPIDEX. Allgem. Forstzeitschrift 7, S. 360–362

BOMBOSCH, S., DEDEK, W., PAPE, J. (1993)
Was kann IPIDEX in Gradationsgebieten leisten? Allgem. Forstzeitschrift 3, S. 145–147

BÖRNER, H. (1981)
Pflanzenkrankheiten und Pflanzenschutz. Stuttgart: Verlag Eugen Ulmer

CECH, O. (1987)
Kritische Chemie fand wenig Grund zur Kritik. Der Pflanzenarzt 1 – 2, S. 20–23

DIMITRI, L. (1992)
Überwahung und Bekämpfung von Borkenkäfern. Allgem. Forstzeitschrift 1, S. 46–47

DONAUBAUER, E. (1976)
Dimilin (PH 60–40) – ein biotechnisches Insektizid. Allgem. Forstzeitung 4, S. 108–109

DONAUBAUER, E. (1976)
Über die Verwendung von Bakterien und Viren zur Bekämpfung einiger Forstschädlinge. Allg. Forstzeitung 4, S. 112

EICHLER, D. (1980)
Über das Schicksal von Pflanzenschutzmitteln in der Umwelt. Allgem. Forstzeitschrift 40, S. 1048–1050

FISCHER–COLBRIE, P. (1987)
Für den österreichischen Obstbau genehmigte Wirkstoffe und ihre Nebenwirkungen auf Nützlinge. Pflanzenschutz, 12, S. 10–12 (Offizielle Veröffentlichung der Bundesanstalt für Pflanzenschutz)

FISCHER–COLBRIE, P. (1988)
Synthetische Pyrethroide – Entwicklung, Eigenschaften und Bewertung. Österr. Forstzeitung 2, S. 24

FÜHRER, E. (1983)
Fangbaum, Giftfangbaum, Pheromon – 100 Jahre Forstschutzverfahren. Cbl. ges. Forstwesen 2–3, S. 132–143

FÜHRER, E. (1983)
Aktuelle Aufgaben der Forstentomologie und des Forstschutzes. Allgem. Forstzeitung 5, S. 290–291

FUNKE, W. (1987)
Einfluß von Pestiziden und anderen Substanzen auf Bodentiere. In: Bioindikation, Wirkungsbezogene Erhebungsverfahren für den Immissionsschutz. VDI–Berichte 609, S. 164–172

GABRIEL, G. (1992)
Neues Verfahren zur Bekämpfung des Buchdruckers. Österr. Forstzeitung 2, S. 36–37

HASSAN, S. A. (1984)
Nebenwirkungen von Pflanzenschutzmitteln auf Nützlinge. Nachrichtenbl. Dt. Pflanzenschutzdienst, 36, S. 6–8

HELLRIEGEL, K. (1988)
Persönliche Mitteilungen.

HEYNEN, C. (1983)
Einfluß des Chitinsynthese–Hemmers Dimilin auf zwei Wirt–Parasit–Systeme. Allgem. Forstzeitschrift 12, S. 266

HOCK, B. und ELSTNER, E., u.a. (1984)
Pflanzentoxikologie. Zürich: Bibliographisches Institut

HOLM, J., KLEIMINGER, J., BOGEN, C. (1984)
Erkennung und Beurteilung von flächenhaften Schwermetall– und Pestizidkontaminationen beim Wild. Jagd und Hege 6, S. 16

HOLZSCHUH, C. und FERENCZY, J. (1976)
Der Sexuallockstoff Disparlure, ein Helfer gegen die Nonne. Allgem. Forstzeitung 4, S. 109–114

INDUSTRIEVERBAND PFLANZENSCHUTZ (1982)
Wirkstoffe in Pflanzenschutz– und Schädlingsbekämpfungsmitteln. Offenbach: Blintz–Verlag

KATHAN, G. J. (1989)
Pyrethrum und Pyrethroide. Deutscher Gartenbau 18, S. 1178–1179

KRIEG, A. (1978)
Insektenbekämpfung mit Bacillus thuringiensis–Präparaten und deren Einfluß auf die Umwelt. ,Nachrichtenbl. Deut. Pflanzenschutzd. 30, S. 177–181

KRIEG, A. und FRANZ, M. (1982)
Biologische Schädlingsbekämpfung. Berlin und Hamburg: Verlag Paul Parey

LEHRINGER, S. (1984)
Zu den Wirkungen und Risiken des Lindans. Allgem. Forstzeitschrift 29, S. 751–752

LOBINGER, G. (1993)
Vernichtung von Buch nach maschineller Entrindung. Allgem. Forstzeitschrift 15, S. 791–792

LUTZ, W. (1987)
Welche Gefahren gehen von den Pflanzenbehandlungsmitteln für unser Wild aus? Allgem. Forstzeitschrift 47, S. 1224–1225

MÜLLER, F. (1986)
Phytopharmakologie. Stuttgart: Verlag Eugen Ulmer

PERKOW, W. (1971/79)
Wirksubstanzen der Pflanzenschutz– und Schädlingsbekämpfungsmittel. Berlin und Hamburg: Verlag Paul Parey

PFITZMAIER, G. (1989)
Blütengift zerpflückt. Natur 3, S. 83–91.

PIRKLHUBER, W. und GRÜNDLINGER, K. (1993)
Der biologische Landbau in Österreich. UBA–Monographie 35

RASINGER, A. (1986)
Sumicidin im Forst. Allgem. Forstzeitung 4, S. 127

RÖHRING, E. (1978)
Chemie im Waldschutz – Entwicklung und Ziele. Allgem. Forstzeitschrift 16, S. 450–454

SCHMIDT, G. H. (1986)
Pestizide und Umweltschutz. Braunschweig: Vieweg–Verlag

SCHMIDT, G. H. (1981)
Vom Naturstoff zum hochwirksamen Insektizid. Umschau 1, S. 25–26

SCHOPF, A. (1992)
Linden– und holzbrütende Schädlinge an erkranken Eichen in Österreich. Österr. Forstzeitung 1, S. 33–35

SCHNOPFHAGEN, S. (1975)
Drei Jahre großflächige Fichtenblattwespenbekämpfung mit Malathion ULV in der Steiermark. Allgem. Forstzeitung 4, S. 108–109

SCHOLLMEYER, B. und WILHELM, U. (1984)
Eigenschaften und Anwendungsmerkmale von Cypermethrin (Ripcord) bei der Bekämpfung der Borkenkäfer im Forst. Allgem. Forstzeitschrift 24, S. 617–619

SCHÜTT, P. (1975)
Schäden durch kombinierten Einsatz von Bioziden. Env. J. For. Path. 5, S. 253–255

SCHWENKE, W. (1974–82)
Die Forstschädlinge Europas. Berlin und Hamburg: Verlag Paul Parey

SCHWERDTFEGER, F. (1981)
Waldkrankheiten. Berlin und Hamburg: Verlag Paul Parey

SKATULLA, U. (1975)
Erfolgreihe Versuche mit dem Entwicklungshemmer PH60–40 zur Bekämpfung von Lymantria dispor und L. moncha. Anz. Schädlingskde., Pflanzenschutz, Umweltschutz, 48, S. 17–18

SMIDT, S. (1977)
Über den Abbau von Malathion auf Forstpflanzen. Cbl. ges. Forstwesen 1, S. 49–59

(WEGLER, R. (1970/77)
Chemie der Pflanzenschutz– und Schädlingsbekämpfungsmittel, Band 1, 2 und 4. Berlin: Springer Verlag

WULF, A. (1982)
Der aktuelle Stand der Zulassungen bei Forstschutzmitteln. Allgem. Forstzeitschrift 22, S. 662

WULF, A. (1985)
Zur Umweltverträglichkeit von Borkenkäferbekämpfungsmitteln. Allgem. Forstzeitschrift 12, S. 265–266

WULF, A. (1986)
Zu den Änderungen im neuen Forstschutzmittelverzeichnis. Allgem. Forstzeitschrift 11, S. 228

WULF, A. (1987)
Wie steht es um den integrierten Pflanzenschutz im Forst. Nachrichtenbl. Deut. Pflanzenschutzd. 39, S. 22–24

WURST, F. und PREY, T. (1991)
Untersuchungen zur Emission von polychlorierten Dioxinen und Furanen bei der Holzverarbeitung

UMWELTSCHONENDE VERFAHREN

BAADER, E. und VITE, J.P. (1986)
Zum Einsatz synthetischer Lockstoffe gegen den Kupferstecher. Allgem. Forstzeitschrift 41, S. 1008

BRANDL, J. und EGGER, A. (1986)
Einsatz von Sexualduftstoffallen zur Nonnenkontrolle. Allgem. Forstzeitung 1, S. 13–19

ENCKE, G. (1987)
Zur Gefährdung des Waldes durch Borkenkäfer und zum Stand der Pheromonforschung. Allgem. Forstzeitschrift 35/36, S. 886–877

FÜHRER, E. und MAYER, H. (1985)
Biologische und ökologische Perspektiven des Waldschutzes. Allgem. Forstzeitung 12, S. 348

KÖHLER, U. (1987)
Zur Wirkung des Häutungshemmstoffes Dimilin und des Pyrethroids Ambush auf Bodenorganismen. Allgem. Forstzeitschriften 5, S. 89

KÖNIG, E. und BERWIG, W. (1986)
Kalk statt Insektizide gegen Gestreiften Nutzholzborkenkäfer? Allgem. Forstzeitschrift 14, S. 326–327

KRIEG, A. UND F., JOST, M. (1982)
Biologische Schädlingsbekämpfung. Berlin und Hamburg: Verlag Paul Parey

KURT, F. (1984)
Vom Sauren Regen in die Käfertraufe. natur 6, S. 37–39

NIEMEYER, H. (1987)
Erfahrungen mit der Bekämpfung rindenbrütender Borkenkäfer. Österr. Forstzeitung 3, S. 29–31

SCHWENKE, W. (1982)
Zur Problematik der Borkenkäferbekämpfung. AID–Informationen 2, S. 12–14

VAUPEL, O., DIMITRI, L., KÖNIG, E. und BERWIG, W. (1986)
Zur Optimierung des Falleneinsatzes bei Buchdrucker und Gestreiften Nutzholzborkenkäfer. Allgem. Forstzeitschrift 23, S. 572–574

VITE, J.P. (1987)
Fortschritte im biotechnischen Waldschutz. Allgem. Forstzeitschrift 5, S. 85–87

Weiterführende Literatur

ALTENKIRCH, W.; NIEMEYER, H. (1992)
Ökologischer Waldschutz: Fortschritte und derzeitige Grenzen. Allgem. Forstzeitschrift 11. S. 580–587

BOGENSCHÜTZ, H. (1987)
Zum integrierten Pflanzenschutz in den Wäldern Baden–Württembergs. Allgem. Forstzeitschrift 15. S. 371–371

BOGENSCHÜTZ, H. (1991)
Der Rotköpfige Tannenwickler. Allgem. Forstzeitschrift 10. S. 522–524

BOMBOSCH, S. (1990)
Wie stark vermindern Pheromonfallen die Population des Buchdruckers? Allgem. Forstzeitschrift 14–15. S. 354–355

BUNDESAMT FÜR UMWELT, WALD UND LANDSCHAFT (1990)
Stoffverordnung und Forstschutz. Grundlagen für den Anwender von Pflanzenbehandlungsmitteln. Leitfaden Umwelt 1, S. 57–71

DEDEK, W.; PAPE, J. (1990)
Umweltschonendes Abschöpfen von Borkenkäfern in der DDR. Allgem. Forstzeitschrift 14–15. S. 357–359

DENGLER, K. (1987)
Der Große Waldgärtner. Allgem. Forstzeitschrift 5. S. 93–97

DUBBEL, V. (1991)
Waldmaikäfer – Gradation in Südhessen. Allgem. Forstzeitschrift 14. S. 717–718

CHALOUPEK, W.; PICHLER, G.; NEUHOLD, M. (1988)
Chalcoprax: Neues Pheromon gegen Massenvermehrung von Pityogenes chalcographus. Österr. Forstzeitung 4. S. 62–63

CLOSEN, B.; STADTFELD, M. (1987)
Erfahrungen mit der Schutzkalkung von Rundholz. Allgem. Forstzeitschrift 42 S. 1072–1073

EMSCHERMANN, F.; STROTHBÄUMER, H.W.; KERBER, S. (1991)
Schadfaktoren und Schädlingsbekämpfung in Weihnachtsbaum–Kulturen. Allgem. Forstzeitschrift 42 25. S. 1297–1302

ERTL,G. (1991)
Pheromone als Hilfe gegen Borkenkäfer. ÖFZ 2. S. 27

FERENCZY, J. (1989)
Tips für die Rüsselkäferbekämpfung. Österr. Forstzeitung 2. S. 70–71

FERENCZY, J. (1991)
Mit Erfolg gegen den Großen Braunen Rüsselkäfer. Österr. Forstzeitung 3. S. 62–63

GRITSCH, W. (1990)
Überwachung und Bekämpfung des Nutzholzborkenkäfers. Österr. Forstzeitung 4. S. 22

HENZE, O. (1987)
Mit Singvögeln gegen forstliche Schadinsekten. Österr. Forstzeitung 4. S. 36

KLIMETZEK, D.; SCHLENSTEDT L. (1991)
Waldschutz gegen Borkenkäfer. Allgem. Forstzeitschrift 22. S. 1118–1120

KOBERG, H. (1991)
Chemische Möglichkeiten der Rüsselkäferbekämpfung. Österr. Forstzeitung 3. S. 66

KOCH, G. (1988)
Der Fichtenzapfenzünsler, ein nachtaktiver Falter. Allgem. Forstzeitschrift 14. S. 358

KOCH, W.; BAUER, M. (1989)
Zum Wiederaustrieb von Kiefern nach Lepidopterenfraß. Allgem. Forstzeitschrift 40–41. S. 1097–1098

KOHNLE, U. (1991)
Waldschutz gegen biotische Schaderreger heute. Allgem. Forstzeitschrift 22. S. 1115–1116

KOTSCHY, K. (1991)
Ist heute ein Insektizideinsatz im Wald noch vertretbar? Österr. Forstzeitung 3. S. 64–65

KÖNIG, E.; BERWIG, W. (1987)
Kalkspritzung als Vorsorge gegen Nutzholzborkenkäferbefall nicht bewährt. Allgem. Forstzeitschrift 14. S. 354–355

KÖNIG, E.; BOGENSCHÜTZ, H. (1987)
Methodenwandel in Forstschutz und Mitteleinsatz. Allgem. Forstzeitschrift 21. S. 540–541

LANG, H.P. (1990)
Neue Wege zur Rüsselkäferbekämpfung. Österr. Forstzeitung 4. S. 68

LANZ, W.; DITTMAR, (1988)
Lärchenbockkäfer gefährdet Lärchen– und Lärchenmischwald–Bestände in Hessen. Allgem. Forstzeitschrift 26. S. 740–741

LÖSEKRUG, R. G. (1988)
Befall von Buchenalthölzern durch den Laubnutzholzborkenkäfer. Allgem. Forstzeitschrift 34. S. 942–943

NIEMEYER,H. (1987)
Lockstoff gegen Kupferstecher und Lärchenborkenkäfer. Österr. Forstzeitung 3. S. 32

SCHMID–VIELGUT. B.; DOPF, M.; BOGENSCHÜTZ, H. (1991)
Einfluß von gegattertem Schwarzwild auf die Populationsdichte des Waldmaikäfers. Allgem. Forstzeitschrift 14. S. 719–721

SCHWANINGER, C. (1991)
Borkenkäferbekämpfung–eine Notwendigkeit? Österr. Forstzeitung 2. S. 25–26

SKATULLA, U. (1989)
Auftreten und Bekämpfung der Nonne in Bayern. Allgem. Forstzeitschrift 40–41. S. 1094–1095

SPROßMANN, H. (1988
Mit Sonnenenergie gegen Borkenkäfer? Allgem. Forstzeitschrift 14. S. 356

UNTEREGGER, E. (1987)
Erfahrungen mit Borkenkäfer–Schlitzfallen in der Steiermark. Österr. Forstzeitung 4. S. 66

VAUPEL, O., DIMITRI, L.; KÖNIG, E.; BERWIG, W. (1987)
Pheromonfallen sind kein Ersatz für Waldhygiene. Allgem. Forstzeitschrift 5. S. 90–92

UNTEREGGER, E. (1988)
Pheromon gegen den Kupferstecher–Erfahrungen mit Chalcoprax in der Steiermark. Österr. Forstzeitung 2. S. 21–22

VAUPEL, O.; HEEG, C. (1988)
Neuer Fallenständer zum Aufbau von Borkenkäfer–Fallensternen. Allgem. Forstzeitschrift 9–10. S. 228

VITE, J.P. (1988)
Grundlagen eines erfolgreichen Waldschutzes durch den Einsatz von Pheromonen. Allgem. Forstzeitschrift 34. S. 936–937

WEBER, T. (1987)
Sind Borkenkäfer durch Pheromon–Fallen wirksam zu bekämpfen? Allgem. Forstzeitschrift 5. S. 87–89

WEBER, T. (1991)
Insektizideinsatz im Wald. Allgem. Forstzeitschrift 22. S. 1114

WEGENSTEINER, R.; FÜHRER, E. (1989)
Überwachung und Bekämpfung von Borkenkäfern. Österr. Forstzeitung 4. S. 35–37

WEGENSTEINER, R.; ARNDORFER, F. (1991)
Kupferstecher: Mehrjährige Beobachtungen beim Einsatz von Chalcoprax. Österr. Forstzeitung 3. S. 67–69

WITTEK, K. (1991)
Rüsselkäferbekämpfung mit der Rückenspritze. Österr. Forstzeitung 2. S. 28–29

WUGGENIG, W. (1988)
Erste Erfahrungen mit Chalcoprax in Kärnten. Österr. Forstzeitung 2. S. 22–23

ZIMMERMANN, G. (1988)
Zur biologischen Bekämpfung des Maikäfers. Allgem. Forstzeitschrift 34. S. 940–941

ZIMMERMANN, H. (1988)
Zu den waldbaulichen Fragen des Forstschutzes. Allgem. Forstzeitschrift 34. S. 932–934

SCHÄDLINGE, SCHADBILDER UND BESTIMMUNG DER POPULATIONSDICHTE

Kleinsäuger erfüllen im Wald eine wichtige Funktion, indem sie z. B. Insekten vertilgen oder Samen von Waldbäumen und Sporen von Mykorrhizapilzen verbreiten. Außerdem sind sie Nahrungsgrundlage für viele Greifvögel, Eulen und Raubsäuger.

Als Schädlinge forstlicher Kulturen von Bedeutung sind die Rötelmaus, die Erdmaus und die Schermaus (GRUBER, 1988).

Schadbilder

Rötelmaus:
benagt die Rinde von jungen Stämmen und Zweigen bis in mehrere Meter Höhe.

Erdmaus:
benagt im Herbst und Winter die Rinde junger Pflanzen am Wurzelhals und im unteren Stammbereich.

Schermaus:
greift auch dicke Wurzeln an, was zu einer totalen Zerstörung des Wurzelsystems führen kann.

Vom Mittelaufwand stellt die Mäusebekämpfung abgesehen von den Wildabwehrmitteln (fallen seit Inkrafttreten des Pflanzenschutzmittelgesetzes unter den Begriff Pestizide) die bedeutendste Forstschutzmaßnahme dar. Alle bisher bekannten Rodentizide besitzen eine hohe Allgemeintoxizität für andere Warmblüter wie Vögel, Wild, Haustiere und den Menschen.

Deshalb sollte die Mäusebekämpfung durch Bestimmung der wirtschaftlichen Schadensschwelle auf das unbedingt notwendige Mindestmaß beschränkt werden, was durch eine Verbesserung der Prognose des zu erwartenden Schadens erreicht werden kann. Dazu ist es wichtig, die Populationsdichten zu ermitteln, weil diese erheblichen Schwankungen unterliegen (es sind Fälle dokumentiert, bei denen die Mausdichte/Flächeneinheit im Verhältnis 1 : 2.500 schwankt). Zur Feststellung des Mäusebesatzes werden in einem Abstand von ca. 2 m 50 bis 100 Schlagfallen mit fettgeröstetem Brot über zwei Nächte aufgestellt.

Erst bei Überschreitung der *kritischen Werte* (bei Erdmaus ab 10 Mäusen/100 Fallen in einer Nacht, bei Rötelmaus ab 5 Mäusen/100 Fallen) sollte eine chemische Bekämpfung überhaupt in Erwägung gezogen werden.

Die hiefür in Frage kommenden Mäuseköder sind mit einem chemischen Wirkstoff präpariert.

Dabei muß unbedingt beachtet werden, daß nicht gebrauchte Giftköder wieder eingesammelt werden.

ANGEWENDETE MITTEL

Chlorphacinon (einziges für die Anwendung im Forst zugelassenes Handelsprodukt: Forstmausstop Avenarius)

Chlorphacinon ist ein Indanderivat. Es wirkt durch die Hemmung der Prothrombinbildung in der Leber, die für die Gerinnung des Blutes notwendig ist. Gleichzeitig werden die Wände der Blutbahnen durchlässig, sodaß die Blutflüssigkeit in die Körperhöhle und inneren Organe eintreten kann.

Die geschilderte Wirkung kommt jedoch nur dann zustande, wenn die Mäuse an mehreren aufeinanderfolgenden Tagen kleine Mengen des Wirkstoffes mit der Nahrung aufnehmen. Durch die Notwendigkeit einer mehrmaligen Aufnahme geringer Konzentrationen ist die Gefahr der Vergiftung für den Menschen geringer als beim ehemals verwendeten Zinkphosphid.

Seit einiger Zeit werden zur Bekämpfung der Mäuse im Forst neuartige *"Köderstationen"* der Firma Theyson angewendet. Bestückt werden diese röhrenförmigen Fallen mit "Lepit–Forstpellet" (Wirkstoff Chlorphacinon). Durch die an beiden Enden befindlichen trichterförmigen Öffnungen können die Mäuse in den Behälter schlüpfen, worin sich der Köder befindet.

Über lange Zeit verwendete zinkphosphidhaltige Köder, welche nun für die offene Auslegung, nicht aber für die Anwendung in einer Köderstation geeignet waren, wurden mittlerweile vom Hersteller freiwillig vom Markt gezogen.

Insgesamt ist die Köderstation als umweltschonender zu beurteilen als die offene Auslegung von Giftködern, weil erhebliche Mengen an Ködermitteln gespart werden und praktisch nur Mäuse an die Giftköder gelangen können. Außerdem schützt der Behälter den Köder vor Witterungseinflüssen.

UMWELTSCHONENDE ALTERNATIVEN

Mechanische Verfahren

Fallen, die ohne Gift, nur mit ausgelassenem Speck beködert werden (~ 70 Fallen/ha in 2 m Abstand).

Im Hessischen Forstamt Langen wurden die Fallen sieben Nächte hindurch aufgestellt, wobei 520 Mäuse gefangen wurden. Die Kosten der Fangaktion lagen zwar um 25 % höher als die der chemischen Bekämpfung, doch erhebt sich die Frage, ob eine naturgemäße, sichtlich erfolgreiche Fallenfangmethode übergangen werden sollte!

Eine Gefährdung kleinerer Vogelarten ist bei Fallengebrauch nicht auszuschließen.

Seit Neuestem können jedoch auch Mäuse–Schlagfallen mit einer Vogelschutzhaube zur Bekämpfung herangezogen werden (GEBAUER et al., 1992).

Kulturmaßnahmen

Dazu zählen in erster Linie waldbauliche Verfahren, die darauf abzielen, das Aufkommen von Unkräutern auf Forstkulturen zu verhindern. In einer üppig entwickelten Gras–, Kraut– und Strauchflora finden die Mausarten optimale Vermehrungsverhältnisse.

Biologische Verfahren

Durch die Einbürgerung von Wieseln auf der Insel Terschelling konnten eingeschleppte Wühlmäuse, die sich zur Plage entwickelt hatten, wieder ausgerottet werden. Dieses Beispiel verdeutlicht die Wichtigkeit von Prädatoren (Fuchs, Greifvögel) und deren gezielte Schonung.

LITERATURVERZEICHNIS RODENTIZIDE

ALTENKIRCH, W.; NIEMEYER, H. (1992)
Ökologischer Waldschutz: Fortschritte und derzeitige Grenzen. Allgem. Forstzeitschrift 11. S. 580–587

ANONYMUS (1988)
Eine Köderstation gegen Mäuse. Allgem. Forstzeitschrift 14, S. 349

BARBL, R. (1988)
Mit Köderstationen gegen Mäuse. Österr. Forstzeitung 9. S. 50

BÄUMLER, W. (1982)
Probleme des Schutzes von Forstkulturen gegen Mäusefraß. Allgem. Forstzeitschrift 15, S. 672

BÄUMLER, W. (1985)
Zur Mäusebekämpfung in der Forstwirtschaft. Allgem. Forstzeitschrift 9/10, S. 195–196

GEBAUER, U.; DUBBEL, V.; FRIEDRICH, E. (1992)
Bekämpfung forstschädlicher Mäuse mit Schlagfallen. Allgem. Forstzeitschrift 8. S. 408–409

GRUBER, F. (1988)
Mäuse als Forstschädlinge, Mekmale–Lebensweise–Bedeutung–Bekämpfung. Österr. Forstzeitung 9. S. 46–49

GRUBER, F. (1988)
Mäuse als Forstschädlinge, Mekmale–Lebensweise–Bedeutung–Bekämpfung. Forstschutz – Merkblätter Nr. 8a

SCHNEIDER, H.–J. (1978)
Wirkungen der Erd– und Rötelmausbekämpfung mit ARREX–Ködern. Allgem. Forstzeitschrift 13, S. 382–383

SCHWENKE, W. und MASCHNING, E. (1988)
Situation und Prognose des Forstschädlingsbefalls in Bayern 1987/88. Allgem. Forstzeitschrift 14, S. 348–349

WALTZ, I. (1988)
Mäusebekämpfung mit Schlagfallen im Hessischen Forstamt Langen. Allgem. Forstzeitschrift 14. S. 359

Die Ursachen für das Auftreten von Schäl–, Fege– und Verbißschäden sind vielfältig und lokal verschieden ausgeprägt.

Der Themenbereich der Wildschäden ist zu komplex, um hier näher darauf einzugehen. Es wird aber darauf hingewiesen, daß die alleinige Symptombehandlung ohne Rücksichtnahme auf die konkreten Ursachen keine zufriedenstellende Lösung herbeiführen kann.

WILDVERBISSSCHUTZMITTEL

Bezogen auf den gesamten Pflanzenschutzmittelaufwand in der Forstwirtschaft nehmen die Wildverbißschutzmittel die erste Stelle ein.

In Österreich unterliegen Wildabwehrmittel seit Inkrafttreten des neuen Pflanzenschutzmittelgesetzes, BGBl. 476/1990, am 1. August 1991, der Zulassung.

Das Abäsen der Waldverjüngung durch Wild ist solange unproblematisch, solange genügend junge Bäume unbeschädigt weiterwachsen können und eine entsprechende Verjüngung der Waldbestände erfolgen kann. Es ist aber ökologisch nicht mehr tragbar, wenn der Wildverbiß so stark ist, daß er infolge einer Entmischung des vielfältigen Verjüngungsangebots zu naturfernen Monokulturen führt oder die Verjüngung überhaupt verhindert wird.

Nach Erhebungen der Forstinventur sind in Österreich 42 % der freistehenden Jungwüchse verbissen. Dabei sind Tanne mit 77 % und Laubbäume mit 53 % betroffen. Nach Meldung der Bezirksforstbehörden ist auf 25 % der Waldgebiete die Waldverjüngung ohne Schutzvorkehrungen praktisch unmöglich, auf weiteren 50 % wird das Aufwachsen von Mischbeständen durch Verbiß verhindert (BUNDESMINISTERIUM FÜR LAND– UND FORSTWIRTSCHAFT, 1993).

Der Grund der Bevorzugung chemischer Verbißschutzmittel gegenüber mechanischem Einzelschutz oder Gatterungen liegt in den geringeren Kosten.

Während die Lohn– und Lohnnebenkosten in der Waldarbeit in den letzten Jahren um fast 50 % gestiegen sind, haben sich die Pflanzenschutzmittel nur um 25 – 40 % verteuert.

Was die pflanzenschädigende Wirkung der Mittel anbetrifft, wäre zu sagen, daß histologische Schäden rasch nachgewiesen werden können, während sich die Feststellung von physiologischen Schäden wesentlich schwieriger gestaltet. Es hat sich gezeigt, daß ein Schutzbelag mit guter Trocknungsfähigkeit (= hartwerdende Präparate) weniger zu physiologischen Schäden führt als der Belag eines weichbleibenden Präparates, welches darüber hinaus noch der Auswaschung unterliegt.

Die Anwendung chemischer Winterverbißschutzmittel (Sommerverbißschutzmittel kommen nur sehr selten zur Anwendung bzw. es sind auch wenig derartige Präparate im Handel) erfolgt in den Monaten Oktober bis November. Die meisten sind wasserlöslich und erlauben keinen Auftrag bei Frost.

Ausschlaggebend für die Pflanzenverträglichkeit eines Mittels ist, daß dieses Blätter, Nadeln und Triebachsen nicht verätzt sowie Austrieb und Wachstum nicht beeinträchtigen darf.

Die Forschungsstelle für Jagdkunde und Wildschadensverhütung (Nordrhein–Westfalen) hat das Zurückbleiben der Trieblängen bezogen auf verschiedene Anwendungszeitpunkte (frühester im Oktober, spätester Mitte März) von Wildverbißschutzmitteln geprüft.

Die Mittel *Ha–Te Einheitsmittel* und *Arbinol WS* (beide sind als Winterverbißschutzmittel im Handel) wiesen bei der Anwendung im Oktober gewisse Triebverkürzungen gegenüber den

Trieben auf der Nullfläche auf. Dieselben Mittel zeigten bei einer Anwendung im März keine Wuchsdepressionen.

Für das im Handel befindliche Mittel *Dendrocol* (Winterverbißschutzmittel) konnte eine Zunahme der Wuchsdepression vor der ersten Anwendung im Oktober bis zur letzten im März nachgewiesen werden (die Zunahme der Depression erfolgte jedoch nicht kontinuierlich).

Auch *entsäuerte Teere* zeigten bei der spätesten Anwendung im März eine Depression.

Wildschadenverhütungsmittel sind sogenannte Repellents, deren Wirkung auf einer Abwehr bzw. Abweisung des Wildes beruht. Dies wird durch gewisse Inhaltsstoffe wie Quarzsande, Geruchsstoffe oder Teerpräparate sowie durch schrille Farben bewirkt. Es soll nach gewissen vertraulichen Aussagen von Firmenvertretern auch keine Seltenheit sein, daß Abfallstoffe der chemischen Industrie zur Verwendung kommen.

ALTHAUS (1974) berichtet über analytisch nachgewiesene Phenolmengen von 0,02 bis 0,04 mg/l Rohwasser im Einzugsgebiet einer Trinkwassertalsperre in Deutschland.

Bei der Frage nach der Herkunft der Phenole stellte man in unmittelbarer Ufernähe der Sperre sechs offene Eimer mit Resten des Wildverbißmittels ARCOTAL sicher.

48–stündige Auslaugungsversuche des Mittels mit Wasser ergaben Phenolgehalte von 45 mg/l. Auch Spuren von technischem HCH, das zu 6 % in Arcotal enthalten ist, konnten nachgewiesen werden. Anhand dieser Ergebnisse kann man sichergehen, daß die aufgetretene Geruchs– und Geschmacksbeeinträchtigung des Trinkwassers auf die Arcotal–Anwendung zurückzuführen war.

Die Wildverbißschutzmittel FORSTIN, MONACOL und ARCOTAL enthielten als Wirkstoff das Isomerengemisch Hexachlorcyclohexan (= techn. HCH). Durch die Pflanzenschutzmittelverbotsverordnung, BGBl. Nr. 97/1992 sind das Inverkehrsetzen und die Verwendung des Isomerengemisches Hexachlorcyclohexan und somit die oben genannten Mittel seit 20. Februar 1992 verboten.

Vergleichbare Bestimmungen existieren bereits in anderen europäischen Ländern, vor allem in der BRD und in der Schweiz (Bundesrepublik Deutschland: verboten laut Pflanzenschutz–Anwendungs–Verordnung vom 19. Dezember 1980).

Im Pflanzenschutzmittelverezichnis 1993 sind neben den Mitteln Ha–Te, Arbinol WS und Dendrocol folgende Pflanzenschutzmittel gegen Wildverbiß angeführt: ARCOTAL–S (enthält Acridinbasen, Dicyclopentadien und Quassia–Extrakt), CAPRECOL flüssig (enthält Kupfernaphthenat und Geruchsstoffe) mit den Einstufungen Xi ... reizend und F ... leicht entzündlich, CAPRECOL ST (enthält Mineral– und Duftstoffe, CAPRECOL Uni (enthält Kaolin und Duftstoffe), CERVACOL und CERVACOL extra.

Als nicht chemische und billige Alternative bieten sich alte überlieferte Rezepte mit Lehm, Kalk, Kuhdung und Ochsenblut als sogenannte "Hausmittel" an. Auch bei diesen Mitteln kann es vorkommen, daß sie zu scharf rezeptiert werden und sie so die Pflanzen schädigen. Wirksamkeit zeigen die "Hausmittel" vor allem dann, wenn man in einer Naturverjüngung nur bestimmte Baumarten schützt.

Im Feldbau haben sich in ein Netzsackerl gepackte Haare als Hausmittel bewährt. Durch den Menschengeruch konnte das Wild (ausgenommen Hasen) erfolgreich von den Kulturen ferngehalten werden.

Eine häufig angewandte aber aufwendige Methode zur Verhütung von Wildverbißschäden ist die Zäunung, wobei elektrische Zäune in jüngster Zeit an Bedeutung gewinnen.

SCHÄL– UND FEGESCHUTZMITTEL

Lange Zeit fand sich im österreichischen Pflanzenschutzmittelverzeichnis nur ein empfohlenes Pflanzenschutzmittel (ARCOTIN) zur Verhinderung von Schälschäden.

Da Arcotin technisches HCH enthält, ist seine Verwendung seit dem Inkrafttreten der Pflanzenschutzmittelverbotsverordnung, BGBl. 97/1992 seit 20. Februar 1992 verboten. Auf die umweltgefährdende Wirkung der Hexachlorcyclohexan–Isomere wurde bereits in Kapitel "Lindan" (Teil INSEKTIZIDE) näher eingegangen. Streichfähige Schälschutzmittel, welche Quarzsande beinhalten, bieten ebenfalls einen Schutz vor Winter– und Sommerschälung und stellen daher einen Einsatz zu nur chemischen Mitteln dar.

Bei chemischen Schälschutzmethoden muß berücksichtigt werden, daß die Stämme bis in eine Höhe von rund 2 Meter geschützt werden müssen. Schneelagen oder die Hangstellung der Bäume müssen dabei gesondert berücksichtigt werden. Bei Fichte ist die Anbringung chemischer Präparate teurer als der Schutz durch Grüneinband.

Auf die Möglichkeiten, die der mechanische Schälschutz bietet, wird in dieser Arbeit nicht näher eingegangen.

Im Amtlichen Pflanzenschutzmittelverzeichnis 1993 wird kein chemisches Mittel gegen Fegeschäden angeführt. Als Alternativen stehen Schutzmittel zur Verfügung, die optische Abwehreffekte und die Rauheit des Schutzbelages vereinen.

Weitere, wesentlich häufiger angewendete und umweltschonende Möglichkeiten bieten mechanische Fegeschutzgeräte, die jedoch eine laufende Kontrolle erfahren müssen, um Einwachs– und Reibeschäden zu verhindern sowie zur Aufrichtung nach Schneeschub (SULZBACHER, 1992).

LITERATURVERZEICHNIS WILDABWEHRMITTEL

ALTENKIRCH, W.; NIEMEYER, H. (1992)
Ökologischer Waldschutz: Fortschritte und derzeitige Grenzen. Allgem. Forstzeitschrift. 11. S. 580–587

ALTHAUS, HELMUTH (1974)
Erfahrungen über die Auswirkungen des Einsatzes von Pflanzenschutzmitteln auf forstlich genutzten Flächen. DVGW–Schriftenreihe Wasser 1, S. 63–67

BUNDESMINISTERIUM FÜR LAND– UND FORSTWIRTSCHAFT (1993)
Österreichischer Waldbericht 1992. Beiheft Wissenswertes über Österreichs Wald.

DIMITRI, L.(1992)
Pflege und Schutz von Fichten– und Douglasien–Kulturen. Allgem. Forstzeitschrift 12. S. 640–642

SCHNOPFHAGEN, H. (1989)
Möglichkeiten und Grenzen des chemischen Fegeschutzes. Österr. Forstzeitung 4. S. 60

SCHULLER, GOTTFRIED (1987)
Einzelschutz kann den Bock zum Gärtner machen. Österr. Forstzeitung 5, S. 22

SULZBACHER, B. (1992)
Fegeschäden effizient verhindern. Österr. Forstzeitung 3, S. 51–52

TEUSAN, A. (1990)
Fegeschutz: Mechanische Schutzvorrichtungen oder biologische Duftsignale? Österr. Forstzeitung 5. S. 59

TEUSAN, A. (1991)
Die Flächenwirkung von Repellentmitteln– eine Chance gegen Sommerverbiß? Österr. Forstzeitung 2. S. 20

TÜRCKE, F. (1956)
Chemische Wildschadenverhütungsmittel im Lichte neuer Forschungsergebnisse. Z. Jagdwiss. 24, S. 131–135

UECKERMANN, ERHARD (1984)
Die Wildschadenverhütung im Wald und Feld. Hamburg und Berlin: Verlag Paul Parey

UECKERMANN, ERHARD, GRAUMANN, F. und UECKERMANN, D. (1984)
Der Einfluß des Auftragszeitpunktes auf die Pflanzenverträglichkeit von chemischen Winterverbißschutzmitteln. Z. Jagdwiss. 30, S. 192–200

UECKERMANN, ERHARD (1987)
Welche Wildschadenverhütungsmittel sind heute sinnvoll? Allgem. Forstzeitschrift 47, S. 1222–1223

ALLGEMEINE SITUATION

Die Behandlung von Pilzkrankheiten im Wald stellt eine unübliche Maßnahme dar.

Selbst bei den Hochlagenaufforstungen, die oft großflächig von Pilzkrankheiten (z.B. Schneeschimmel) in Mitleidenschaft gezogen werden, ist man eher darum bemüht, auf chemische Pflanzenschutzmittel zu verzichten. Ein Grund hiefür könnte in den Kosten liegen, zumal sich die Pilze rapide großflächig ausbreiten können.

Ein nicht unwesentlicher Anwendungsbereich für Fungizide wäre im Bereich der Wundverschlußmittel zu erwarten. Holzernte– und Schälschäden und die damit verbundene Wundfäule sind häufig und z. T. mit erheblichen Stabilitäts– und Qualitätseinbußen verbunden. Laut Auskunft von Vertreiberfirmen ist jedoch die Nachfrage für Wundverschlußmittel, sowohl mit als auch ohne Fungizideinsatz von der Forstseite marginal. Im Amtlichen Pflanzenschutzmittelverzeichnis sind keine derartigen Mittel mit Forstindikation ausgewiesen.

Gegen Pilze weist das Amtliche Pflanzenschutzmittelverzeichnis 1992 zwei Wirkstoffe mit Forstindikation auf: METIRAM und MANCOZEB.
Für den Forst zugelassene Handelsprodukte: DITHANE M–45 (Wirkstoff Mancozeb, wird im Pflanzenschutzmittelverzeichnis mit Xi ... reizend und den R–Sätzen 37 ... reizt die Atmungsorgane und 43 ... Sensibilisierung durch Hautkontakt möglich, angegeben) und COMPO PILZ-FREI (Wirkstoff Metiram, wird mit Xi ... reizend und dem R–Satz 43 ... Sensibilisierung durch Hautkontakt möglich, angegeben). Diese zwei Präparate werden gegen die Kiefernschütte in Forstgärten eingesetzt.

Umweltverhalten und Toxizität
Metiram und Mancozeb sind Blattfungizide aus der Reihe der Dithiocarbamate, welche in Form von Spritzpulvern angewendet werden. Sic sind bienenungefährlich und in den empfohlenen Aufwandmengen nicht phytotoxisch.

Einige der Dithiocarbamate stehen allerdings unter dem Verdacht, teratogenes und karzinogenes Potential zu besitzen.

SCHLUSSFOLGERUNGEN

Die österreichischen Wälder sind fast ausschließlich Teil der Kulturlandschaft, nur ca. 0,03 % sind noch Urwälder. Dennoch sind sie gemessen an anderen Landschaftsressourcen weitgehend in einem "naturnahen" Zustand geblieben. Dies ist mit ein Grund dafür, daß sich die Notwendigkeit eines Einsatzes von chemischen Pflanzenschutzmitteln nur in geringem Ausmaß als notwendig erwiesen hat. Das Prinzip der Nachhaltigkeit, das ursprünglich auf die Produktion von Holz und die Erhaltung von Waldfläche beschränkt war weicht zunehmend einem Nachhaltigkeitsgrundsatz, der sämtliche potentielle Leistungen von Wäldern umfaßt. Die Notwendigkeit, bei der Bewirtschaftung Negativfolgen zu vermeiden, läßt sich drastisch im Zusammenhang mit reinem Trinkwasser darstellen: Mit der Gefährdung dieses lebensnotwendigen Gutes gewinnt z. B. der Verzicht auf den Einsatz von chemischen Pflanzenschutzmitteln immer mehr an Bedeutung.

Betrachtet man die Waldverteilung Österreichs im Zusammenhang mit dem Vorkommen von Grundwasser, ist festzustellen, daß insbesondere die Decke der Karstgrundwassergebiete mit Wald bestockt ist. Gerade diese sind aufgrund der zumeist geringen Mächtigkeit der Bodenbedeckung und der damit verbundenen geringen Filterwirkung selbst für "kurzlebige" Verunreinigungen besonders empfindlich. Desweiteren ist festzustellen, daß ein Großteil dieser Gebiete in der Stauzone der weiträumig verfrachteten Luftverunreinigungen liegt und somit bereits einer erhöhten Schadstoffbelastung ausgesetzt ist. Die Notwendigkeit, diese Regionen von zusätzlichen – selbst kleinflächigen – Belastungen, wie sie etwa bei der forstlichen Anwendung von Pflanzenschutzmitteln auftreten können, freizuhalten, liegt damit auf der Hand.

Eine vor allem in den letzten Jahrzehnten verstärkt an ökologischen Grundsätzen und vorbeugendem Forstschutz orientierte Forstwirtschaft half mit, auf Pflanzenschutzmittel zu verzichten. Dennoch ist festzuhalten, daß das auch in der Forstwirtschaft anzutreffende Streben nach kurzfristigen betriebswirtschaftlichen Gewinnen labile Waldökosysteme hat entstehen lassen, die dem Nachhaltigkeitsprinzip nicht mehr gerecht werden. Übermäßig vergraste und verkrautete große Kahlschläge haben verstärkt die Anwendung von Herbiziden, das Auftreten von Schädlingskalamitäten in standortswidrigen Fichten–Monokulturen die Ausbringung von Insektiziden notwendig werden lassen. Daraus ergeben sich naturgemäß Probleme.

Es muß auch davon ausgegangen werden, daß Restmengen heute bereits nicht mehr zugelassener Pflanzenschutzmittel (quasi zur "Entsorgung") noch zum Einsatz kommen.

Gefahren, die bei der Anwendung von Herbiziden entstehen können

- Schadenssymptome (z. B. Kronenanomalien) an Forstpflanzen, u.a. Pflanzenschäden durch Dosierungsfehler
- Beeinflussung der Grundwasserqualität (Möglichkeit der Trinkwassergefährdung)
- Schwierigkeiten bei der selektiven Beschränkung der Bekämpfungsmaßnahme auf die Konkurrenzpflanzen (z. B. Vernichtung wertvoller Laubholzbeimischung in Nadelholzkulturen)
- Änderung der Pflanzenzusammensetzung, Verminderung des Äsungsangebotes sowie des Futterangebotes für Vögel und Kleinsäuger
- Steigerung der Schmackhaftigkeit von giftigen Pflanzen durch Wuchsstoffherbizide, so daß sie vom Wild aufgenommen werden.
- indirekte Auswirkungen (Veränderung des Artengefüges)

Möglichkeiten zur weitgehenden Vermeidung des Herbizideinsatzes

- kleinflächige Durchführung der Verjüngung anstelle von großen Kahlschlägen unter Wahl des geeigneten Verjüngungsverfahrens
- Aufbau stufiger Bestände nach Möglichkeit mit vitalem Nebenbestand und Intensivierung der Naturverjüngung
- kontinuierliche Bestandespflege
- optimal entwickelte größere Pflanzen, um die Konkurrenzphase abzukürzen
- mechanische Unkrautbekämpfung mit Hilfe von Freischneidegeräten als Alternative kann den Herbizideinsatz völlig ersetzen

Gefahren, die bei der Anwendung von Insektiziden entstehen können

- Anreicherung von chlorierten Kohlenwasserstoffen in der Nahrungskette (z. B. Nachweis von chlorierten Kohlenwasserstoffen im Nierenfett von Wild).
- hohe Fischtoxizität weisen auf: z. B. Carbaryl, Cypermethin, Fenvalerat, Lindan, Endosulfan, Parathion, Malathion, Tetrachlorvinphos, Flucythrinate
- hohe Bienentoxizität zahlreicher Mittel: z. B. Carbaryl, Lindan, Parathion, Malathion, Tetrachlorvinphos, Trichlorfon
- Verhaltensresistenz von Einzeltieren begünstigt die Herausbildung resistenter Nachkommen und macht die Anwendung immer höherer Dosen notwendig
- keine selektive Bekämpfung von Schädlingen, sondern auch Gefährdung von" Nutzarthropoden" (humusbildende Bodenorganismen, Schädlingsantagonisten); als stark toxisch auf Nützlinge erwiesen sich Carbamate (z. B. Carbaryl), organische Phosphorsäureester (z. B. Parathion, Malathion, Trichlorfon), chlorierte Kohlenwasserstoffe (z. B. Lindan), synthetische Pyrethroide (z. B. Cypermetrin, Fenvalerat)
- indirekte Auswirkungen (vermindertes Futterangebot für Vögel und Kleinsäuger, Vernichtung der Insektenfauna)

Ökosystemschonende Möglichkeiten

- Verhinderung der Anfälligkeit der Bestände durch Erhaltung der natürlichen Waldgesellschaft, die die größte Elastizität bezogen auf die natürlichen Regulationsmechanismen aufweist
- standortsgemäße Baumartenwahl (natürliches Verbreitungsgebiet der Baumarten)
- Schaffung von Lebensräumen für die natürlichen Feinde der Schadinsekten durch Auflockerung der Bestandesstrukturen, Nischendifferenzierung und Artenvielfalt
- Verkürzung der Holzlagerzeiten im Wald sowie Entrindung des Holzes
- rechtzeitiger Einschlag befallener Bäume
- Schlagruhe (April bis Mai der 3. Vegetationsperiode) als Vorbeugung bei der Gefahr eines Rüsselkäferbefalls
- routinemäßige Überwachung der Populationsdichte von Borkenkäfern mittels Lockstoff–Fallen bzw. Einsatz von Pheromonleimtafeln zur Nonnenkontrolle
- Günstiger im Hinbick auf Nutzinsekten ist die Schädlingsbekämpfung mit Diflubenzuron und Bacillus thuringiensis

Zukunftsperspektiven

Durch gezielte Pheromon- bzw. Antipheromonforschung könnten sich neue ökosystemschonende Möglichkeiten zur insektizidfreien Borkenkäferbekämpfung eröffnen.

Auch die biologische Insektenbekämpfung durch Pathogene (Bekämpfungsversuche mit Bacillus thuringiensis und Polyeder–Viren zeigten bereits Erfolge) könnte vielleicht für den gezielten Einsatz in Waldökosystemen weiterentwickelt werden.

Gefahren, die bei der Anwendung von Rodentiziden entstehen können

- Die größte Gefahr bei der Anwendung von Rodentiziden besteht in der hohen Warmblütertoxizität der Mittel. Unter diesem Aspekt ist die Verwendung von neu entwickelten Köderstationen, die mit geringeren Wirkstoffmengen auskommen und andere Säugetiere vor der Aufnahme des Giftes schützen, oder am besten Fallen (ohne Gift) anzuraten.

Probleme im Zusammenhang mit Wildabwehrmitteln

- Die Anwendung von Wildabwehrmitteln, für die in Österreich bisher kein Prüfungszwang bestand, wird nun durch das neue Pflanzenschutzmittelgesetz geregelt.
  Feststeht, daß gerade diese Mittel im wesentlichen nur zur Symptombekämpfung geeignet sind.

Probleme im Umgang mit Pflanzenschutzmitteln

Bedenklich ist die Unkenntnis und Nichtbeachtung der Vorsichtsmaßnahmen beim Umgang mit Pflanzenschutzmitteln sowie die ordnungsgemäße Entsorgung der Restmengen.

Eine verbesserte Ausbildung der Forstarbeiter im Hinblick auf eine exakte Ausbringungstechnik und vorschriftsmäßige Dosierung sowie die Beachtung arbeitshygienischer Vorschriften wäre erforderlich.

Die Erteilung der Erlaubnis zur Anwendung von Pestiziden sollte an die Absolvierung eines Lehrganges gebunden sein.

Grundsätzliches zur Problematik des Pflanzenschutzmitteleinsatzes in der Forstwirtschaft

Trotz der relativ geringen Mengen von Pflanzenschutzmitteln, die in der Forstwirtschaft zur Anwendung kommen, erscheint es dringend angeraten, ein Instrumentarium zur genauen Erfassung der Aufwandsmengen bzw. zur Feststellung der Ausbringungsgebiete einzurichten. Die Einführung einer Meldepflicht wäre dafür erforderlich, die jedoch nicht notwendigerweise an gesetzliche Bestimmungen gebunden sein muß. Eben wegen der geringen Aufwandsmenge bietet sich die Möglichkeit, beispielsweise in Form einer freiwilligen Verpflichtung der Forstwirtschaft, jede Anwendung von Pflanzenschutzmitteln unter Angabe des Präparates, der Menge und des Ortes der zuständigen Behörde zu melden. Dies hätte wenig administrativen Aufwand zur Folge und ließe dem Forstmann ausreichend Freiraum, im Ernstfall einer Kalamität ohne Behinderung reagieren zu können. Der Vorteil einer derartigen Erfassung läge darin, daß durch die Kenntnis der Menge des Präparates (Wirkstoff) und des Ausbringungsortes die Ursache der Belastungen von Ökosystemen nachvollzogen werden kann. Die Beiträge des Eintrags von außen, aus der Landwirtschaft oder über Fernverfrachtung können dann ebenso wie das Risiko für einzelne Kompartimente abgeschätzt werden.

Ungeachtet der laufenden Bestrebungen, "umweltverträglichere" Pflanzenschutzmittel zu entwickeln, ist die Forstwirtschaft aufgefordert, ihre Vorreiterrolle einer weitgehend umweltschonenden Nutzung von Ressourcen in vermehrter Weise nachzukommen. Der bereits eingeleitete Weg eines vorsorglichen und präventiven Forstschutzes unter optimaler Ausnützung sämtlicher waldbaulicher Möglichkeiten, der das Ziel eines völligen Verzichtes auf Pflanzenschutzmittel verfolgt, sollte forciert werden. Der Beitrag der Forstwirtschaft könnte dadurch über den forstlichen Bereich hinaus beispielgebend sein und damit zu einer Verbesserung der Umweltsituation generell Bedeutung haben.

Die ordnungsgemäße Entsorgung von Pflanzenschutzmitteln

Die ordnungsgemäße Entsorgung von Restmengen, auch derzeit nicht mehr zugelassener Pflanzenschutzmittel, sollte unbedingt gewährleistet sein. Die gesetzlichen Rahmenbestimmungen dafür sind bereits installiert.

Abfälle von Pflanzenschutzmitteln sind als "überwachungsbedürftiger Sonderabfall" nach ÖNORM S 2100, Schlüsselnummer 53103, zu entsorgen. Reste dürfen nicht in den Hausmüll, in den Ausguß oder ins WC gelangen. Sie sind einer Sonderabfallsammelstelle zu übergeben. Eine Liste jener Sonderabfallsammelstellen, die im Besitz einer Genehmigung sind, derartige Abfälle zu übernehmen, ist im Anhang beigefügt.

ERKLÄRUNG VON FACHAUSDRÜCKEN

Abundanz
Häufigkeit von Organismen in bezug auf eine Flächen– oder Raumeinheit.

ADI–Wert (= acceptable daily intake)
(ausgedrückt in mg/kg Körpergewicht pro Tag)
Jene Menge eines Pflanzenschutzmittels, welche im Verlaufe eines Menschenlebens täglich mit der Nahrung (in Form von Pflanzenschutzmittelrückständen) aufgenommen werden darf, ohne daß dabei nachweislich Gesundheitsschäden auftreten. Er wird aus langzeittoxikologischen Untersuchungen abgeleitet.

Akute Toxizität
Giftwirkung tritt bei einmaliger Aufnahme eines Stoffes ein.

Antagonist
Bezeichnung für Arten, die in Konkurrenz od. direkter Feindbeziehung zueinander stehen.

Biologische Schädlingsbekämpfung
Schädlingsbekämpfung mittels biologischer Methoden, wie z.B. Verwendung natürlicher Parasiten und Seuchenerreger der Pflanzenschädlinge, Eingriff in die Fortpflanzungsaktivität der Pflanzenschädlinge durch Sterilisation.

Biozönose
Gemeinschaft der Lebewesen im Biotop als Lebensraum mit wechselseitigen Abhängigkeiten und Beeinflussungen.

Cholinesterase
Enzym, das an der Erregungsübertragung zwischen Nervenzellen beteiligt ist.

Chronische Toxizität
Giftigkeit bei mehrmaliger Aufnahme eines Stoffes während eines längeren Zeitraumes.

dermal
Aufnahme eines Mittels durch die Haut.

Dickung
Jungbestand nach Eintritt des Bestandesschlusses bis zum Beginn der natürlichen Astreinigung bzw. bis zum Erreichen der Derbholzstärke (= Brusthöhendurchmesser 7 cm).

Endoparasiten
Parasiten, die im Körper des Wirtes angesiedelt sind und sich von dessen Stoffwechselprodukten ernähren.

Entomophagen
Insekten fressende Prädatoren (s.unten)

Formulierung
Sachgemäße Zubereitung von Wirkstoffen zur Anwendung als Pflanzenschutzmittel. Zur Herstellung werden Wirkstoffe mit Trägerstoffen, Emulgatoren, Dispergiermitteln, Netzmitteln und dergleichen verwendet.

Fungizide
Mittel mit Wirkung gegen pilzliche Krankheitserreger.

Gradation
Der Gesamtablauf der Massenvermehrung einer Population mit folgenden Phasen:
- Erhaltung (Inkubationsstadium)
- Erholung (schwache Schädigung)
- Begrenzung (Eruptionsstadium = Höhepunkt der Vermehrung)
- Zusammenbruch (Krisenstadium mit Absterben od. Erholen der geschädigten Individuen)

Herbizide
Unkrautbekämpfungsmittel

– Blattherbizid
Herbizid, welches vornehmlich über das Blatt in die Pflanze gelangt bzw. wirkt.

– Bodenherbizid
Herbizid, das vornehmlich über den Boden in die Pflanze gelangt und wirkt.

– Wuchsstoffherbizid
Herbizid, das als Wuchsstoff wirkt
(Pflanze "wächst sich zu Tode")

Hexachlorcyclohexan (HCH)
- techn. HCH ist HCH mit < 99,5 % Gamma–Isomer
- Lindan ist HCH mit einem Reinheitgrad von > 99,5 % Gamma–Isomer

Hydrolyse
Spaltung von Molekülen durch die Reaktion mit Wasser.

Insektizide
Insekten tötende Mittel.

Kalamität
Wirtschaftlich schädliche Phase bei der Massenvermehrung eines Schädlings.

Kontamination
Verunreinigung von Nahrungsmitteln, Böden, Gewässern, Luft durch Fremdstoffe, z.B. Pflanzenschutzmittelrückstände.

kritische Zahl
Bezeichnet jene Schädlingsdichte, bei deren Vorhandensein ein betreffender Waldbestand gerade noch zu überleben vermag.

Latenz
Zustand der Insektenpopulation zwischen den Gradationen; Phase mit geringer Populationsdichte (eiserner Bestand).

Läuterung
Waldbauliche Maßnahme, bei der durch Entnahme von Vorwüchsen, unerwünschten Baumarten, kranken Stämmen und schlechten Stamm– u. Kronenformen die Qualität des verbleibenden Bestandes verbessert wird.

LC_{50}
Letale Konzentration 50 = Konzentration, bei der 50 % der Versuchstiere sterben.

LD_{50}
Letale Dosis 50 = Dosis, bei deren Verabreichung 50 % der Versuchstiere sterben.

Mechanische Schädlingsbekämpfung
Mechanische Vernichtung von Schädlingen oder Krankheitserregern, z.B. mit Hilfe von Fallen, Verbrennen kranker Pflanzenteile, Abfangen von Schädlingen mittels Leimringen.

Metabolismus
Stoffwechsel; Umsetzen von Stoffen im lebenden Organismus.

Metabolit
Stoff, der beim normalen Ablauf der Stoffwechselreaktionen in der Zelle entsteht. Dieser Begriff wird auch verwendet für Abbaustufen von Pflanzenschutzmittelwirkstoffen. In diesen Umwandlungsprozessen können sowohl hochtoxische, als auch völlig ungiftige (Detoxifikation) Verbindungen entstehen.

mutagen
Eine Substanz wird als mutagen bezeichnet, wenn sie Veränderungen der Erbanlagen hervorzurufen vermag.

Nebenwirkung
Wirkung, die die Hauptwirkung eines Stoffes in erwünschter bzw. unerwünschter Weise begleitet.

no–effect–level
Ist jene Menge eines Stoffes, welche bei täglicher Fütterung weder funktionelle Störungen, noch strukturelle Veränderungen im Versuchstier verursacht. Diese Menge wird ausgedrückt in mg/kg Körpergewicht/Tag und auf den Menschen mit wenigstens hundertfacher Sicherheit als ADI–Wert übertragen.

Ökologische Nische
bestimmt die Rolle und Funktion einer Art im Ökosystem. Der Begriff beschreibt die artspezifischen Beziehungen einer Art mit der Umwelt. Die Einnischung ist das wirkungsvollste Prinzip zur Vermeidung interspezifischer Konkurrenz und ermöglicht die Koexistenz vieler Arten im gleichen Biotop.

Persistenz
Dauerwirkung – sehr lange (oft Monate oder Jahre) anhaltende Wirkung eines Mittels.

Pheromone
Tiereigene Lockstoffe, werden unterteilt in Sexual– und Soziallockstoffe:
- Sexualpheromone werden von den Weibchen zur Anlockung der Männchen abgesondert.
- Aggregationspheromone werden abgesondert, um den Artgenossen den günstigen Brutplatz anzuzeigen.

Prädatoren
Räuber; zu dieser Gruppe zählen insbesondere auch Insektenfresser, die durch Vernichtung der zur Massenvermehrung neigenden Phytophagen zur Stabilisierung von Biozönosen beitragen.

Rodentizide
Mittel zur Bekämpfung von Nagetieren.

Selektive Wirkung
Im Gegensatz zu Mitteln mit großer Wirkungsbreite besitzen selektive Mittel spezifische Giftwirkung gegen nur einen Schädling oder eine Schädlingsgruppe. Unter selektiver Wirkung auf Wildkräuter versteht man die pflanzenvernichtende Wirkung, die nur auf bestimmte Wildkrautpflanzen beschränkt ist und von der vor allem die Kulturpflanzen ausgenommen sind.

Strukturelle Diversität
Bezogen auf den Wald versteht man darunter die Mannigfaltigkeit bestimmter Strukturmerkmale eines Waldbestandes.
(i.a. auch bestimmt durch die Anzahl und Häufigkeit der vorkommenden Arten); auch definiert als standörtliche Heterogenität auf kleinster Fläche.

Subletale Dosis
Unter der tödlichen Menge liegende Dosis.

Synergismus
Wirkung von Stoffgemischen, die höher ist als die Summe der Wirkungen der Einzelkomponenten (Potenzierung der Wirkung).

Systemische Wirkung
Sogenannte intertherapeutische Wirkung von Pflanzenschutzmitteln (Insektiziden, Fungiziden und Herbiziden), die von der Pflanze durch die Blätter oder über das Wurzelsystem aufgenommen und im Saftstrom weitergeleitet und in die Pflanzenorgane verteilt werden. Die Wirkung wird aus dem Pflanzensystem heraus ausgeübt.

teratogen
Mißbildungen erzeugend.

Teratogenität
Eigenschaften chemischer Substanzen in der Embryonalzeit, Mißbildungen hervorzurufen.

Tiefenwirkung
Eine über den Ort der Aufbringung eines Pflanzenschutzmittels hinausgehende Wirkung.

Toleranzen
In Nahrungs– und Futtermitteln duldbare Höchstmengen von Pflanzenschutzmittelrückständen, meist angegeben in ppm.

Trägerstoffe
Besorgen die möglichst gleichmäßige Verteilung eines Pflanzenschutzmittels auf den zu behandelnden Objekten; für Spritzmittel ist Wasser der häufigste Trägerstoff, für Stäubemittel feine Pulver wie Talkum, Kaolin usw.

ULV–Verfahren
Ultra–low–volume–spraying.
Ausbringung eines Biozids im Sprühverfahren, wobei durch kleinste Tröpfchengröße hohe Konzentrationen bei vergleichsweise sehr geringem Mittelaufwand ausgebracht werden —> angewendet bei der Flugzeugausbringung von Bioziden.

Verjüngung
Auf künstlichem bzw. natürlichem Weg wiederbegründeter Waldbestand.

Wirkungsbreite
Wirkungsbereich eines Mittels; man spricht von großer Wirkungsbreite, wenn viele Schädlinge mit einem Mittel erfaßt werden können.

wirtschaftliche Schadensschwelle
= die niedrigste Populationsdichte eines Schädlings, bei der wirtschaftliche Schäden entstehen können.

GESAMTEINSATZ VON PFLANZENSCHUTZMITTELN (WIRKSTOFFEN) IN ÖSTERREICH ZWISCHEN 1990 UND 1992 GEMÄSS FIRMENMELDUNGEN

WIRKSTOFF-GRUPPE	JAHRESVERBRAUCH IN TONNEN 1990	1991	1992
INSEKTIZIDE			
Chlorierte Kohlenwasserstoffe	51,5	29,2	16,9
Organische Phosphate	66,1	55,2	52,3
Carbamate	24,7	29,5	22,5
Pyrethroide	3,6	3,3	3,1
Bakterien u.ä.		0,3	0,2
Diverse	31,3	33,0	39,3
Akarizide		4,2	3,1
Insektizide total	**177,2**	**154,8**	**137,3**
FUNGIZIDE			
Anorganische Fungizide	764,7	827,8	698,4
Carbamate	290,3	567,5	398,9
Benzimidazole	15,3	11,7	11,8
Triazole, Diazole	33,3	86,2	60,3
Diazine	31,6	18,8	13,3
Diverse	547,9	237,5	189,4
Fungizide total	**1.683,1**	**1.749,5**	**1.372,1**
HERBIZIDE			
Phenoxy–Carbonsäuren	365,9	739,7	501,7
Triazine	379,0	468,4	349,3
Acetamide	111,0	96,7	89,4
Carbamate	25,9	50,8	69,8
Dinitroanilin	77,0	67,9	94,1
Harnstoffderivate	59,6	55,4	70,4
Diverse	926,2	445,5	425,0
Anorganische Wirkstoffe		228,6	262,7
Herbizide total	**1.944,5**	**2.153,0**	**1.862,5**
Wachstumsregler	18,6	48,9	74,6
Rodentizide	1,6	3,2	0,8
Repellents	135,5	50,2	2,0
Nematizide, Molluskizide, Synergisten, Diverse Wirkst.	176,8	92,3	106,0
Mineralöl u. Fettsäure		229,5	401,5
SUMME	***4.137,4***	***4.551,1***	***3.956,9***

Davon liegt der Verbrauch in der Forstwirtschaft bei geschätzten 1–2 %.

Seit 1991 erfolgt gemäß dem Pflanzenschutzmittelgesetz 1991, BGBl.Nr. 476/1990 § 21, eine Erfassung aller Wirkstoffe der jährlich verkauften Pflanzenschutz- und Schädlingsbekämpfungesmittel aufgrund von Firmenmeldungen an das zuständige Bundesministerium. Zuvor, im Jahr 1990, erfolgten die Meldungen nur auf freiwilliger Basis. Isofern ist ein direkter Vergleich der einzelnen Posten von 1990 bis 1992 nur bedingt möglich.

Weitere Hinweise über den Pflanzenschutzmittelverbrauch in Österreich können auch aus dem Umweltkontrollbericht – Teil A (UMWELTBUNDESAMT, 1993) S. 85 und S. 137 entnommen werden.

VERZEICHNIS DER IN ÖSTERREICH FÜR DIE FORSTWIRTSCHAFT ZUGELASSENEN PFLANZENSCHUTZMITTEL

(Quelle: Amtliches Pflanzenschutzmittelverzeichnis 1993 der Bundesanstalt für Pflanzenschutz, Wien, Stand: 31. Oktober 1992, erhältlich bei der Bundesanstalt für Pflanzenschutz, Trunnerstraße 5, A–1020 Wien)

Erklärung der Abkürzungen

Bg	bienengefährlich	Xi	reizend
mBg	minder bienengefährlich	Xn	mindergiftig
VA	Anwendung vor Aufgang	T	giftig
NA	Anwendung nach Aufgang	F	leicht entzündlich

Wirkstoff *Pflanzenschutzmittel* *Zulassungsinhaber*	*Pfl. Reg. Nr.*	*Warn–Hinweise*	*Einstufung und Risikosätze*	*Anwendung*
FUNGIZIDE				
MANCOZEB				
DITHANE M–45 (Rohm und Haas)	1042		Xi R 37, 43	1,2 kg/ha gegen Kiefernschütte
METIRAM				
COMPO PILZFREI (BASF Österreich)	1918		Xi R 43	1,2 kg/ha gegen Kiefernschütte
INSEKTIZIDE				
ALPHAMETRIN				
ARPAN extra (Agrolinz Agrarchemikalien)	2298	mBg	Xn R 10, 21/22, 36/38	=> 0,5 % (tauchen) gegen Großen Braunen Rüsselkäfer => 0,15 % (mind. 0,15 l/m² bei glattrindigem und mind. 0,25 l/m² Rindenoberfläche bei grobrindigem Holz) vorbeugend gegen Borkenkäfer
FASTAC (Shell)	2295	mBg	Xn R 10, 21/22, 36/38	=> 0,15 % (mind. 0,15 l/m² bei glatt–, mind. 0,25 l/m² bei grobrindiger Rindenoberfläche) vorbeugend gegen Borkenkäfer => 0,5 % (tauchen) gegen Großen Braunen Rüsselkäfer
CYPERMETHRIN				
CYMBIGON (Kwizda)	2210	mBg	Xn R 10, 21/22, 36/38, 43	=> 0,25 % (2,5 l/fm) vorbeugend gegen Borkenkäfer => 0,5 % (2,5 l/fm) kurativ gegen Borkenkäfer => 1,5 % (tauchen) gegen Großen Braunen Rüsselkäfer
CYMBUSH EC (ICI Österreich)	2212	mBg	Xn R 10, 21/22, 36/38, 43	=> 0,5 % (2,5 l/fm), vorbeugend gegen Borkenkäfer => 2 % (2,5 l/fm) kurativ gegen Borkenkäfer => 0,5 % (tauchen) vorbeugend gegen Großen Braunen Rüsselkäfer => 0,1 % (spritzen) kurativ gegen Gr. Braunen Rüsselkäfer
DELTAMETHRIN				
DECIS (Hoechst Austria)	2111	mBg	Xn R 10, 22, 36/38	=> 0,5 % (mind. 2 l/fm) vorbeugend gegen Borkenkäfer => 2 % (mind. 2,5 l/fm) kurativ gegen Borkenkäfer => 2 % (mind. 2,5 l/fm) vorbeugend gegen Borkenkäfer => 1 % (tauchen) gegen Großen Braunen Rüsselkäfer => 0,1 % gegen Kl. Fichtenblattwespe und Rote Kiefernbuschhornblattwespe

Wirkstoff *Pflanzenschutzmittel* *Zulassungsinhaber*	*Pfl.* *Reg.* *Nr.*	*Warn–* *Hinweise*	*Einstufung* *und Risikosätze*	*Anwendung*
DIFLUBENZURON				
DIMILIN *(Solvay Österr.)*	*2247*			*=> 0,15 – 0,3 kg/ha gegen Afterraupen freifressende Schmetterlingsraupen*
ENDOSULFAN				
THIODAN emulgierbar *(Hoechst Austria)*	*1565*	*mBg*	*T* *R 10, 21, 25, 36/38, 40*	*=> 0,15 % gegen Tannentrieblaus*
ESFENVALERATE				
Sumi–Alpha *(Shell)*	*2421*	*mBg*	*Xn* *R 10, 20/22, 38*	*=> 0,5 % vorbeugend,* *=> 0,8 % bekämpfend* *(mind. 0,15 l Brühe/m² bei glattrindigem mind. 0,25 l Brühe/m² Rindenoberfläche bei grobrindigem Fichtenholz) gegen rinden– und holzbrütende Borkenkäfer* *2% (tauchen) gegen Großen Braunen Rüsselkäfer*
RODENTIZIDE				
CHLOROPHACINONE				
FORSTMAUSSTOP AVENARIUS *(Schering)*	*2256*			*=> 15 kg/ha gegen forstschädliche Mäuse (Erdmaus, Rötelmaus)*
WILDABWEHRMITTEL				
PRÄPARATE MIT SUBSTANZEN OHNE SPEZIFISCH BIOZIDE WIRKUNG				
ARBINOL WS *(Acridinbasen, Dicyclopentadien, Quassia–Extrakt)* *(T.B.Agrartechnik)*	*1487*	–	–	*=> gegen Wildverbiß in der Vegetationsruhe (unverdünnt spritzen bzw. streichen oder tauchen)*
ARCOTAL–S *(Acridinbasen, Dicyclopentadien, Quassia–Extrakt)* *(T.B.Agrartechnik)*	*2355*	–	–	*=> gegen Wildverbiß in der Vegetationsruhe (10 Teile auf 2 Teile H_2O)*
CAPRECOL FLÜSSIG *(Kupfernaphthenat, Geruchsstoffe)* *(Shell)*	*2227*	–	*Xi, F* *R 11, 38*	*=> gegen Wildverbiß in der Vegetationsruhe (unverdünnt spritzen oder tauchen*
CAPRECOL ST *(Mineral–, Duftstoffe)* *(Shell)*	*2126*	–	–	*=> gegen Wildverbiß in der Vegetationsruhe (unverdünnt strrichen)*
CAPRECOL UNI *(Kaolin, Duftstoffe)* *(Shell)*	*2469*	–	–	*=> gegen Wildverbiß (Schalenwild in der Vegetationsruhe (unverdünnt streichen)*
CERVACOL *(ohne spezif. Wirkstoffe)* *(Avenarius)*	*1119*	–	–	*=> gegen Wildverbiß in der Vegetationsruhe (unverdünnt streichen bzw. in verdünnte Lösung (H_2O bis max. 15 % tauchen)*
CERVACOL extra *(ohne spezif. Wirkstoffe)* *(Avenarius)*	*2424*	–	–	*=> gegen Wildverbiß in der Vegetationsruhe (unverdünnt streichen)*
DENDROCOL 17 *(ohne spezif. Wirkstoffe)* *(Avenarius)*	*1864*	–	*F* *R 11*	*=> gegen Wildverbiß in der Vegetationsruhe (unverdünnt spritzen, streichen oder tauchen)*

Wirkstoff *Pflanzenschutzmittel* *Zulassungsinhaber*	*Pfl.* *Reg.* *Nr.*	*Warn–* *Hinweise*	*Einstufung* *und Risikosätze*	*Anwendung*
HERBIZIDE				
DICHLOBENIL				
CASORON G *(Solvay Österr.)*	*1328*	–	–	*=> zum Niederhalten unerwünschter Kräuter und Gräser (40 kg/ha VA)*
FOSAMINE				
KRENITE *(Du Pont)* *(E.I. Du Pont de Nemours)*	*1926*	–	–	*=> gegen unerwünschte Gehölze (5 l/ha NA)*
GLYPHOSATE				
Roundup *(Monsanto)*	*1977*	–	*Xi* *R 38*	*=> gegen Adlerfarn (5 l/ha NA* *=> gegen Brombeere und unerwünschte Holzgewächse, Gräser u. Kräuter (3 – 5 l/ha NA)* *=> gegen Gräser und Kräuter (3 l/ha NA)*
HEXAZINONE				
FORSTGRANULAT AVENARIUS *Avenarius*	*2117*		–	*=> gegen Gräser und Kräuter (60 kg/ha VA, NA)*
VELPAR *(Du Pont)* *(E.I. Du Pont de Nemours)*	*1968*	–	*Xn* *R 20, 41*	*=> gegen Gräser und Kräuter (1,5 kg/ha NA)*
IMAZAPYR				
ARSENAL *(Cyanamid)*	*2471*	–	*Xn* *R 20, 36*	*=> Verhinderung und Bekämpfung von Stockausschlägen und Hainbuche, Hasel, Robinie (2 %ig in H_2O im Streichverfahren (flächendeckend auf die Stockfläche ausbringen)*
OXYFLUORFEN				
GOAL 2E *(Rohm and Haas)*	*2196*	*mBg*	*Xi* *R 10, 36/38*	*=> gegen Unkräuter (4 l/ha NA)*
SIMAZINE				
GESATOP 50 *(Ciba–Geigy)*	*760*	–	–	*=> gegen ein– und zweikeimblättrige Unkräuter (3 – 5 kg/ha VA)*
TRICLOPYR				
GARLON 3A *(DowElanco)*	*2237*		*Xi* *R 36/38, 41*	*=> gegen Laubholz und Buschwerk (als Kulturvorbereitung und Jungwuchspflege) (5 l/ha NA)*
TRICLOPYR–ESTER				
GARLON 4 *(DowElanco)*	*2236*		*Xn* *R 22, 36/38*	*=> gegen Laubholz und Buschwerk (4 l/ha NA)*
TRIFLURALIN				
ELANCOLAN *(DowElanco)*	*1439*		*Xn* *R 10, 22, 36*	*=> gegen einjährige Samenunkräuter (1,5 – 2,5 l/ha VA)*

LISTE DER R- UND S-SÄTZE (ANHANG B CHEMIKALIEN-VERORDNUNG, BGBl.Nr. 208/1989)

R 9 .... Explosionsgefahr bei Mischung mit brennbaren Stoffen
R 10 .... Entzündlich
R 11 .... Leichtentzündlich
R 12 .... Hochentzündlich
R 15 .... Reagiert mit Wasser unter Bildung leicht entzündlicher Gase
R 20 .... Gesundheitsschädlich beim Einatmen
R 21 .... Gesundheitsschädlich bei Berührung mit der Haut
R 22 .... Gesundheitsschädlich beim Verschlucken
R 23 .... Giftig beim Einatmen
R 24 .... Giftig bei Berührung mit der Haut
R 25 .... Giftig beim Verschlucken
R 26 .... Sehr giftig beim Einatmen
R 28 .... Sehr giftig beim Verschlucken
R 29 .... Entwickelt bei Berührung mit Wasser giftige Gase
R 32 .... Entwickelt bei Berührung mit Säure sehr giftige Gase
R 33 .... Gefahr kumulativer Wirkungen
R 34 .... Verursacht Verätzungen
R 36 .... Reizt die Augen
R 37 .... Reizt die Atmungsorgane
R 38 .... Reizt die Haut
R 39 .... Ernste Gefahr irreversiblen Schadens
R 40 .... Irreversibler Schaden möglich
R 41 .... Gefahr ernster Augenschäden
R 43 .... Sensibilisierung durch Hautkontakt möglich
R 44 .... Explosionsgefahr bei Erhitzen unter Einschluß
R 47 .... Kann Mißbildungen verursachen
R 48 .... Gefahr ernster Gesundheitsschäden bei längerer Exposition
R 15/29 .... Reagiert mit Wasser unter Bildung giftiger und leichtentzündlicher Gase
R 20/21 .... Gesundheitsschädlich beim Einatmen und bei Berührung mit der Haut
R 21/22 .... Gesundheitsschädlich bei Berührung mit der Haut und beim Verschlucken
R 20/22 .... Gesundheitsschädlich beim Einatmen und Verschlucken
R 20/21/22 . Gesundheitsschädlich beim Einatmen, Verschlucken und Berührung mit der Haut
R 23/24 .... Giftig beim Einatmen und bei Berührung mit der Haut
R 24/25 .... Giftig bei Berührung mit der Haut und beim Verschlucken
R 23/24/25 . Giftig beim Einatmen, Verschlucken und Berührung mit der Haut
R 26/28 .... Sehr giftig beim Einatmen und Verschlucken
R 26/27/28 . Sehr giftig beim Einatmen, Verschlucken und Berührung mit der Haut
R 36/37 .... Reizt die Atmungsorgane
R 37/38 .... Reizt die Atmungsorgane und die Haut
R 36/38 .... Reizt die Augen und die Haut
R 36/37/38 . Reizt die Augen, Atmungsorgane und die Haut

R 42/43 .... Sensibilisierung durch Einatmen und Hautkontakt möglich
R 49 .... Vorsicht Pflanzenschutzmittel!
R 50/1 ..... Sehr giftig für Fische
R 50/2 ..... Sehr giftig für Fischnährorganismen
R 50/3 ..... Sehr giftig für Grünalgen
R 50/4 ..... Sehr giftig für Wasserpflanzen
R 51/1 ..... Giftig für Fische
R 51/2 ..... Giftig für Fischnährorganimen
R 51/3 ..... Giftig für Grünalgen
R 52/1 ..... Schädlich für Fische
R 52/2 ..... Schädlich für Fischnährorganismen
R 52/3 ..... Schädlich für Nützlinge
R 54 .... Langzeiteffekte im Ökosystem ... möglich
R 56 .... Mindergefährlich für Bienen
S 1 .... Unter Verschluß aufbewahren
S 2 .... Darf nicht in die Hände von Kinder gelangen
S 4 .... Von Wohnplätzen fernhalte
S 7 .... Behälter dicht geschlossen halten
S 8 .... Behälter trocken halten
S 9 .... Behälter auf einem gut gelüften Ort aufbewahren
S 13 .... Von Nahrungsmitteln, Getränke und Futtermittel fernhalten
S 14 .... Von ... fermhalten (inkompatible Substanzen Hersteller anzugeben)
S 16 .... Von Zündquelle fernhalten – nicht rauchen
S 17 .... Von brennbaren Stoffen fernhalten
S 18 .... Behälter mit Vorsicht öffnen und handhaben
S 20 .... Bei der Arbeit nicht essen und trinken
S 21 .... Bei der Arbeit nicht rauchen
S 22 .... Staub nicht einatmen
S 23 .... Gas/Rauch/Dampf/Aerosol nicht einatmen (geeignete Bezeichnung (en) vom Hersteller anzugeben)
S 24 .... Berührung mit der Haut vermeiden
S 25 .... Berührung mit den Augen vermeiden
S 26 .... Bei Berührung mit den Augen gründlich mit Wasser abspülen und Arzt konsultieren
S 27 .... Beschmutzte, getränkte Kleidung sofort ausziehen
S 28 .... Bei berührung mit der Haut sofort abwaschen mit Viel ... (vom Hersteller anzugeben)
S 29 .... Nicht in die Kanalisation gelangen lassen
S 30 .... Niemals Wasser hinzugießen
S 33 .... Maßnahmen gegen elektrostatische Aufladungen treffen
S 34 .... Schlag und Reibung vermeiden
S 35 .... Abfälle und Behälter müssen in gesicherter Weise beseitigt werden
S 36 .... Bei der Arbeit geeignete Schutzkleidung tragen
S 37 .... Geeignete Schutzhandschuhe tragen
S 38 .... Bei unzureichender Belüftung Atemschutzgerät anlegen
S 39 .... Schutzbrille/Gesichtsschutz tragen
S 41 .... Explosions–und Brandgase nicht einatmen
S 42 .... Beim Räuchern/Versprühen geeignetes Atemschutzgerät anlegen

S 43 .... zum Löschen ...(vom Hersteller anzugeben) verwenden (wenn Wasser die Gefahr erhöht, anfügen: kein Wasser verwenden)
S 44 .... Beim Unwohlsein ärztlichen Rat einholen (wenn möglich dieses Etiket vorzeigen)
S 45 .... Bei Unfall oder Unwohlsein sofort Arzt zuziehen (wenn möglich, diese Etikete vorzeigen)
S 46 .... Bei Verschlucken sofort ärztlichen Rat einholen und Verpackung oder Etikett vorzeigen
S 47 .... Nicht bei Temperaturen über ...C aufbewahren (von Hersteller anzugeben)
S 49 .... Nur in Originalbehälter aufbewahren
S 51 .... Nur in gut gelüfteten Bereichen aufbewahren
S 52 .... Nicht großflächig für Wohn– und Aufenthaltsräume zu verwenden
S 53 .... Von Frauen im gebärfähigen Alter nicht zu verwenden
S 1/2 ...... Unter Verschluß und für Kinder unzugänglich aufbewahren
S 3/7/9 ..... Behälter dicht geschlossen halten und an einem kühlen, gut gelüfteten Ort aufbewahren
S 3/9 ...... Behälter an einem kühlen, gut gelüfteten Ort aufbewahren
S 3/7/49 .... Nur in Originalbehälter an einem kühlen, gut gelüfteten Ort aufbewahren
S 3/9/14/49 . Nur im Originalbehälter an einem kühlen, gut gelüfteten Ort, entfernt von ... aufbewahren (die Stoffe, mit denen Kontakt vermieden werden muß, sind vom Hersteller anzugeben)
S 7/8 ...... Behälter trocken und dicht geschlossen halten
S 7/9 ...... Behälter dicht geschlossen an einem gut gelüfteten Ort aufbewahren
S 20/21 .... Bei der Arbeit nicht essen, trinken, rauchen
S 24/25 .... Berührung mit den Augen und der Haut vermeiden
S 36/37 .... Bei der Arbeit geeignete Schutzhandschuhe und Schutzkleidung tragen
S 36/39 .... Bei der Arbeit beeignete Schutzkleidung und Schutzbrille/Gesichtsschutz tragen
S 37/39 .... Bei der Arbeit geeignete Schutzhandschuhe und Schutzbrille/Gesichtschutz tragen
S 36/37/39 . Bei der Arbeit geeignete Schutzkleidung , Schutzhandschuhe und Schutzbrille/ Gesichtsschutz tragen
S 54 .... Für Kinder und Haustiere unerreichbar aufbewahren
S 58 .... Unbefugte Personen und Kinder sowie Tiere von behandelten Flächen fernhalten
S 60 .... Köderrückstände entfernen und schadlos beseitigen
S 78 .... Nicht gegen den Wind spritzen /sprühen/stäuben
S 79 .... Spritz–/Sprühnebel/Steubewolken nicht einatmen
S 80 .... Beim Umgang mit dem Mittel geeignete Arbeitskleidung tragen, eventuelle Hautverletzungen in entsprechender Weise abdecken
S 81 .... Zur Vermeidung jedes gesundheitlichen Risikos keine Anwendung/Ausbringung des Mittels durch besonders schmutzbedürftige Personengruppen (z.B. Schwangere, Mütter während der Stillzeit)
S 82 .... Bei der Ausbringung des Mittels Abtrift der Spritz/Sprühnebel/Stäubewolken auf Menschen/Tiere/Nachbarkulturen/Gewässer vermeiden
S 92 .... Blühende Kulturen nicht spritzen/sprühen/stäuben
S 93 .... Mittel und dessen Restmengen sowie entleerte Behälter nicht in Gewässer und nicht in die Kanalisation gelangen lassen
S 96 .... Zur Verwendung von Pflanzenschutzmitteln herangezogene Arbeitsgeräte und Behälter niemals für andere Zwecke (z.B. nicht zur Aufbewahrung oder zum Abwiegen von Lebensmitteln) verwenden

S 97 .... Schutzkleidung/Arbeitsgeräte nach jeder Verwendung gründlich reinigen

S 98 .... Waschflüssigkeit nicht in Oberflächengewässer gelangen lassen

S 99 ...... Mittel nicht in unmittelbarer Nähe (5–10 Meter) von Oberflächengewässern anwenden

S 100 ...... Mittel nicht auf stärker geneigten Flächen anwenden, von denen die Gefahr einer Abschwämmung in Oberflächengewässer – insbesondere durch Bewässerung oder Regen – gegeben ist

S 101 ...... Mittel nicht in engeren Einzugsbereich von Trinkwassergewinnungsanlagen (Quellen, Brunnen, Talsperren usw.) anwenden auch dann nicht wenn dieses Gebiet nicht als Wasserschutzgebiet ausgewiesen ist

S 105 ...... Keine Angabe des Mittels durch den Erwerber an andere Personen. Anwendung nur durch den sachkundigen Erwerber selbst oder – unter seiner Verantwortung – durch verläßliche, von ihm über die Gefährlichkeit und sachgemäße Handhabung des Mittels unterrichtete Arbeitskräfte

S 106 ...... Originalverpackungen oder entleerte Behälter nicht zu anderen Zwecken verwenden

S 67/69 .... Beim Umgang mit dem unverdünbaren Mittel Schutzhandschuhe und Schutzbrille/Gesichtsschutz tragen

S 67/68/69 . Beim Umgang mit dem unverdünnten Mittel geeignete Schutzkleidung , Schutzhandschuhe und Gesichtsschutz tragen sowie Atemschutzgerät anlegen oder Traktor mit geschlossener Kabine verwenden

S 93/106 ... Originalverpackung oder entleerte Behälter nicht zu anderen Zwecken verwenden und ebenso wie Mittel und Restmengen nicht in Gewässer und nicht in die Kanalisation gelangen lassen

S 94/106 ... Originalverpackungen oder entleerte Behälter nicht zu anderen Zwecken verwenden und ebenso wie Mittel und Restmengen nicht in Gewässer und nicht in die Kanalisation gelangen lassen, sondern beseitigen oder dem Abgeber zurückgeben

MUSTER EINES GIFTBEZUGSSCHEINES, EINER GIFTBEZUGSLIZENZ UND EINER GIFTEMPFANGSBESTÄTIGUNG (GIFTVERORDNUNG, BGBl.Nr. 212/1989)

86. Stück — Ausgegeben am 11. Mai 1989 — Nr. 212 2021

Anlage 1

____
Behörde

Zahl: ______________________________

Giftbezugsschein

Name
Beruf
Wohnort (Adresse)

erhält hiemit auf Grund des § 29 des Chemikaliengesetzes, BGBl. Nr. 326/1987, die Bewilligung zum einmaligen Bezug von

Handelsbezeichnung oder chemische Bezeichnung des Giftes oder der Gifte und die Menge

MUSTER

Hinweise, Bedingungen und Auflagen siehe Rückseite!

Ort und Datum	Fertigung und Stempel der Behörde

Gültig bis

Die Abgabe von

Handelsbezeichnung oder chemische Bezeichnung des Giftes oder der Gifte und die Menge

wird bestätigt.

Ort und Datum	Unterschrift des Abgebers

Der Giftbezugsschein ist durch sieben Jahre, vom Tage des Bezuges an gerechnet, aufzubewahren.

St. Dr. Lager-Nr. [illegible]. — Österreichische Staatsdruckerei, Verlag

Originalformat DIN A4, verkleinert wiedergegeben im Verhältnis 1 : 0,8

(Rückseite)

Falls das Gift von einer vom Erwerber ermächtigten Person in Empfang genommen wird:

Das auf der Vorderseite bezeichnete Gift habe ich im Auftrag des Erwerbers in Empfang genommen und verpflichte mich, dieses Gift unverzüglich an meinen Auftraggeber abzuliefern.

Wohnort (Adresse), Datum	Unterschrift des ermächtigten Empfängers (Vor-, Zuname)

(Rückseite)

I. Hinweise:
Die in der Kennzeichnung und in Beipacktexten enthaltenen Hinweise für die Verwendung und die schadlose Beseitigung des Giftes sind genau zu beachten.

II. Ergänzende Bedingungen und Auflagen gemäß § 2 der Giftverordnung 1989:

Anlage 2

____
Behörde

Zahl: ______________________________

Giftbezugslizenz

Name
Beruf
Wohnort (Adresse)

erhält hiemit auf Grund des § 29 des Chemikaliengesetzes, BGBl. Nr. 326/1987, die Bewilligung zum mehrmaligen Bezug von

Handelsbezeichnung oder chemische Bezeichnung des Giftes oder der Gifte

Hinweise, Bedingungen und Auflagen siehe Rückseite!

Ort und Datum	Fertigung und Stempel der Behörde

Gültig bis

Die Giftbezugslizenz ist durch sieben Jahre, vom Tage des Erlöschens der Gültigkeit an gerechnet, aufzubewahren.

St. Dr. Lager-Nr. 322. – Österreichische Staatsdruckerei, Verlag.

(Rückseite)

I. Hinweise:
Die in der Kennzeichnung und in Beipacktexten enthaltenen Hinweise für die Verwendung und die schadlose Beseitigung des Giftes sind genau zu beachten.

II. Ergänzende Bedingungen und Auflagen gemäß § 2 der Giftverordnung 1989:

Anlage 3

☐ Erwerb durch Arzt oder Tierarzt — Zutreffendes Feld ankreuzen ☒!

☐ Giftbezugsschein

☐ Giftbezugslizenz

☐ Bestätigung gemäß § 4 der Giftverordnung

GZ ______________________________

Ausstellende Behörde ______________________________

Vom Abgeber auszufüllen:
Lfd. Nr. des Vormerkbuches oder lfd. Nr. der Sammlung

Giftempfangsbestätigung gemäß § 6 der Giftverordnung 1989

Der Erwerber bestätigt hiemit, daß er verpackt und gekennzeichnet erhalten hat:

Handelsbezeichnung oder chemische Bezeichnung des Giftes oder der Gifte und die Menge
zum Zweck
ausgefolgt durch (Name, Wohnort, Adresse des Abgebers)

Der Erwerber bestätigt, daß der oa. Verwendungszweck mit dem anläßlich der Ausstellung der Giftbezugsbewilligung (der Bestätigung gemäß § 4 der Giftverordnung 1989) angegebenen Verwendungszweck übereinstimmt. Er erklärt, daß er das Gift nur für diesen Zweck verwenden und dabei die zum Schutz des Lebens und der Gesundheit von Menschen notwendigen Maßnahmen treffen wird.

Wohnort (Adresse), Datum	Unterschrift des Erwerbers (Vor-, Zuname)

Der Erwerber erklärt, daß er als Arzt oder Tierarzt das Gift zur Ausübung der Heilkunde benötigt und nur für diesen Zweck verwenden wird.

Ort (Ordinationsadresse), Datum	Unterschrift und Stampiglie des Arztes (Tierarztes)

St. Dr. Lager-Nr. 323. – Österreichische Staatsdruckerei, Verlag.

LISTE DER FIRMEN MIT GENEHMIGUNG ZUR ENTSORGUNG VON ALTBESTÄNDEN VON PFLANZENBEHANDLUNGSMITTELN

A B F A L L D A T E N V E R B U N D   A m t s b l a t t   Seite 3

BEHANDLER:

Firmennummer	Name lang	Telephon	Adresse			Ort
004064-3-9	Olbrich Dipl.-Ing. Reinhard	0663/27 205	Doblhoffgasse	5	1010	Wien
005623-3-3	DESTAB, Destillationsanlagen Betriebsgmb		Salesianergasse	4	1030	Wien
000001-3-9	Entsorgungsbetriebe Simmering GesmbH. &	76 16 10/310	11. Haidequerst	6	1110	Wien
001839-3-9	Abfallverwertungs u. Rohstoffwiedergewin	22 21 61, 22 21 62	Dr. Otto-Neurat	1	1220	Wien
005327-3-9	Baron jun. Transporte und Handelsges.m.b	259 22 91	Hosnedlgasse	4	1220	Wien
000261-3-3	NEUBER WILHELM GES.M.B.H., CHEM.FABRIK	02236/53581-83	BAHNGASSE	13	2353	Guntramsdorf
000003-3-3	A.S.A. Abfallservice Industrieviertel Ge	02252/80500-0	TATTENDORFERSTR	5	2512	Tribuswinkel
011374-3-4	Extermitas Handelsges.mbH.	0732/	Hauptplatz	23	4010	Linz
010161-3-4	OÖ.Landes-Abfallverwertungs GMBH. (ehem.	0732/7720/2880	Stockhofstraße	9	4020	Linz
011240-3-4	PORR Umwelttechnik AG.	0732/666771-0	Nebingerstraße	2	4020	Linz
100768-3-4	Rubin-Leidinger GmbH.	07229/78165-0	Untere Landstra	18 a	4053	Pucking
100867-3-4	MTEV Regionalrecycling GmbH.	07223/6480	Kristein	2	4470	Enns
090040-3-4	Stefan Bachleitner Ges.mbH.	07588/270-0	Ried	211	4551	Ried im Traunkreis
030071-3-4	UWEG - Umweltschutz- u.Wertstoff-Recycli	07242/46405-20	Industriestraße	66	4600	Wels
030442-3-4	Dipl.Ing. Dr.Klaus Hofstadler	07242/	Flurgasse	66	4600	Wels
180128-3-4	A.S.A. Aichkirchen/Bachmanning Ges:mbH.	07735/7277	Aichkirchen	9	4671	Aichkirchen
170081-3-4	Kröpfel Ges.mbH.	07674/600	Salzburgerstraß	69	4800	Attnang-Puchheim
070069-3-4	Johann Vorwagner Ges.mbH.&CO.KG.	07612/5025	Sternberg	15	4812	Pinsdorf
001006-3-8	Böhler Abfall-Abluft-Abwasser-Umweltschu	05522/74188	Wasserfeld 5		6805	Feldkirch
001005 3-8	BHS-Sondermüllentsorgungsgesellschaft m.	05523/51223	Treietstr.	2c	6833	Klaus
000002-3-6	Allg.Gewässerschutz u.Altöldienst GmbH&C	472236/03136-52069	Ernst Haeckel-S	43	8010	GRAZ
000603-3-6	Kovac Schrott GmbH. Nfg.KG.	0316/4604-0	Raiffeisenstr.	61	8010	GRAZ
004646-3-6	Saubermacher Dienstleistungsges.m.b.H.	461515	C.v.Hötzendorf-	160	8010	Graz
001253-3-6	Schlager Ges.m.b.H.	0316/52-5-51	Wetzelsdorferst	76	8020	GRAZ
001254-3-6	BGS Sonderabfallentsorgungs GmbH.	0316/67-15-56	Wiener Str.	338	8051	GRAZ-GOESTING
007017-3-6	A.S.A. Abfall Service Holding GesmbH.	0316/28-76-00	Straßganger Str	293	8053	Graz-Neuhart
007019-3-6	ASA Abfallservice Halbenrain GmbH.	0316/28-76-00	Straßganger Str	293	8053	Graz-Neuhart
004615-3-6	EDELHOFF Entsorgung GesmbH.	03135/54322	Vianovastraße	21	8402	Werndorf
000608-3-6	Juri Gottfried KG.	03842/81-5-01	Leobner Straße	5	8712	NIKLASDORF
007032-3-6	PURGATO Müllentsorgungsges.m.b.H.		Foirach	99	8712	Niklasdorf
000004-3-6	Rumpold Ges.m.b.H.	03847/2332 fax:-23	Roseggergasse	4	8793	TROFAIACH

Firmennummer	Name lang	Telephon	Adresse			Ort
150040-2-4	Transporte Waizinger Ges.mbH.&CO.KG.	07252/38225	Ennser Straße	119	4407	Dietach bei Steyr
100867-2-4	MTEV Regionalrecycling GmbH.	07223/6480	Kristein	2	4470	Enns
090040-2-4	Stefan Bachleitner Ges.mbH.	07588/270-0	Ried	211	4551	Ried im Traunkreis
030071-2-4	UWEG - Umweltschutz- u.Wertstoff-Recycli	07242/46405-20	Industriestraße	66	4600	Wels
030074-2-4	Entsorgungs-Betriebe Ges.mbH.	07242/42117	Industriestraße	66	4600	Wels
030075-2-4	Wolfgang Ges.mbH. Entsorgungsbetriebe	07242/46210-27	Industriestraße	66	4600	Wels
030442-2-4	Dipl.Ing. Dr.Klaus Hofstadler	07242/	Flurgasse	66	4600	Wels
180128-2-4	A.S.A. Aichkirchen/Bachmanning Ges.mbH.	07735/7277	Aichkirchen	9	4671	Aichkirchen
170081-2-4	Kröpfel Ges.mbH.	07674/600	Salzburgerstraß	69	4800	Attnang-Puchheim
070069-2-4	Johann Vorwagner Ges.mbH.&CO.KG.	07612/5025	Sternberg	15	4812	Pinsdorf
000363-2-5	H. Kirchgassner Ges.m.b.H.	0662/434392	Teisenberggasse	43	5020	Salzburg
000660-2-5	SAB-Sbg.Abfallbeseitigung GmbH. & Co. KG	0662/46949	Aupoint		5101	Bergheim
001904-2-5	Edelhoff Entsorgung Salzburg GmbH	0662/52500	Aupoint	4	5101	Bergheim
002180-2-5	Mödlhammer Ges.m.b.H. & Co. KG	0662/58244	Binderweg	1	5161	Elixhausen
000803-2-5	R.S.R. Rohstoff-Recycling Ges.m.b.H.	06216/297	Bahnhofstraße	12	5202	Neumarkt am Wallersee
003748-2-5	Reststofftechnik Ges.m.b.H.	06214/6517	Bergstr.	20	5302	Henndorf am Wallersee
001966-2-5	Eisl Ewald	06227/400	Aberseestr.	20	5340	Sankt Gilgen
001132-2-5	Abfallwirtschaftshof Spreitzer Ges.m.b.H	06472/7275	Steindorf/Moos	52	5570	Mauterndorf
001074-2-5	Kanal- Höller Ges.m.b.H.	06462/2440	Urreiting		5600	Sankt Johann im Pongau
001375-2-5	Gotthard Seitinger's Sohn, Gruben-,Kanal	06542/7418	Schüttbachweg	34	5700	Zell am See
001516-2-7	Freudenthaler & co GmbH, Umweltschutz KG	05222-82396	fischnalerstraß	12	6020	Innsbruck
000001-2-7	Daka Umweltschutz		Münchner Str.	36	6130	SCHWAZ
000018-2-7	Höpperger & Co, Tank- u. Kanalreinigung	05262-38710	Bundesstraße	30	6421	Rietz
001006-2-8	Böhler Abfall-Abluft-Abwasser-Umweltschu	05522/74188	Wasserfeld 5		6805	Feldkirch
001005-2-8	BHS-Sondermüllentsorgungsgesellschaft m.	05523/51223	Treietstr.	2c	6833	Klaus
000243-2-1	Umweltdienst Burgenland Abfallwirtschaft	02612/2482	Rottwiese		7350	OBERPULLENDORF
000287-2-1	Stipits Josef		Geschriebenstei		7471	RECHNITZ
000002-2-6	Allg.Gewässerschutz u.Altöldienst GmbH&C	472236/03136-52069	Ernst Haeckel-S	43	8010	GRAZ
000603-2-6	Kovac Schrott GmbH. Nfg.KG.	0316/4604-0	Raiffeisenstr.	61	8010	GRAZ
004646-2-6	Saubermacher Dienstleistungsges.m.b.H.	461515	C.v.Hötzendorf-	160	8010	Graz
000008-2-6	Müllex Umwelt-u.Säuberungs-GmbH & CoKG	0316/91 93 03	Karlauer Gürtel	1	8020	Graz
001253-2-6	Schlager Ges.m.b.H.	0316/52-5-51	Wetzelsdorferst	76	8020	GRAZ
004635-2-7	Kommunal Service GmbH		Pensionsweg	4	8042	Grambach
001254-2-6	BGS Sonderabfallentsorgungs GmbH.	0316/67-15-56	Wiener Str.	338	8051	GRAZ-GOESTING
007017-2-6	A.S.A. Abfall Service Holding GesmbH.	0316/28-76-00	Straßganger Str	293	8053	Graz-Neuhart
007019-2-6	ASA Abfallservice Halbenrain GmbH.	0316/28-76-00	Straßganger Str	293	8053	Graz-Neuhart
000006-2-6	Posch Franz		Obertiefenbach	88	8224	Kaindorf
000022-2-6	Bund Otto - Handel & Transporte	03473/254	Wieden	35	8345	STRADEN
004615-2-6	EDELHOFF Entsorgung GesmbH.	03135/54322	Vianovastraße	21	8402	Werndorf
000023-2-6	Buchhauser Karl Containerdienst	03142/21 3 93	Arnsteinstraße	93	8570	VOITSBERG
003952-2-6	KOMEX Abfallentsorgungsges.m.b.H.	03142/24-9-88	Baumkirchnerstr	3	8570	Voitsberg
000608-2-6	Juri Gottfried KG.	03842/81-5-01	Leobner Straße	5	8712	NIKLASDORF
007032-2-6	PURGATO Müllentsorgungsges.m.b.H.		Foirach	99	8712	Niklasdorf
000004-2-6	Rumpold Ges.m.b.H.	03847/2332 fax:-23	Roseggergasse	4	8793	TROFAIACH
000101-2-2	Fa. Edelhoff Entsorgung Kärnten GesmbH.	0463/33231	Rampenstraße	13	9020	Klagenfurt
000308-2-2	Fa. Gojer Adolf	04232/89222	Kohldorf	36	9125	KOHLDORF
000207-2-2	Fa. Peter Seppele GesmbH	04245/2352 u. 2695	Bahnhofstraße	79	9710	FEISTRITZ/DRAU

Firmennummer	Name lang	Telephon	Adresse			Ort
BEHANDLER:						
004064-3-9	Olbrich Dipl.-Ing. Reinhard	0663/27 205	Doblhoffgasse	5	1010	Wien
005623-3-3	DESTAB, Destillationsanlagen Betriebsgmb		Salesianergasse	4	1030	Wien
000001-3-9	Entsorgungsbetriebe Simmering GesmbH. &	76 16 10/310	11. Haidequerst	6	1110	Wien
001839-3-9	Abfallverwertungs u. Rohstoffwiedergewin	22 21 61, 22 21 62	Dr. Otto-Neurat	1	1220	Wien
005327-3-9	Baron jun. Transporte und Handelsges.m.b	259 22 91	Hosnedlgasse	4	1220	Wien
000261-3-3	NEUBER WILHELM GES.M.B.H., CHEM.FABRIK	02236/53581-83	BAHNGASSE	13	2353	Guntramsdorf
000003-3-3	A.S.A. Abfallservice Industrieviertel Ge	02252/80500-0	TATTENDORFERSTR	5	2512	Tribuswinkel
011374-3-4	Extermitas Handelsges.mbH.	0732/	Hauptplatz	23	4010	Linz
010161-3-4	OÖ.Landes-Abfallverwertungs GMBH. (ehem.	0732/7720/2880	Stockhofstraße	9	4020	Linz
011240-3-4	PORR Umwelttechnik AG.	0732/666771-0	Nebingerstraße	2	4020	Linz
100768-3-4	Rubin-Leidinger GmbH.	07229/78165-0	Untere Landstra	18 a	4053	Pucking
100867-3-4	MTEV Regionalrecycling GmbH.	07223/6480	Kristein	2	4470	Enns
090040-3-4	Stefan Bachleitner Ges.mbH.	07588/270-0	Ried	211	4551	Ried im Traunkreis
030071-3-4	UWEG - Umweltschutz- u.Wertstoff-Recycli	07242/46405-20	Industriestraße	66	4600	Wels
030442-3-4	Dipl.Ing. Dr.Klaus Hofstadler	07242/	Flurgasse	66	4600	Wels
180128-3-4	A.S.A. Aichkirchen/Bachmanning Ges.mbH.	07735/7277	Aichkirchen	9	4671	Aichkirchen
170081-3-4	Kröpfel Ges.mbH.	07674/600	Salzburgerstraß	69	4800	Attnang-Puchheim
070069-3-4	Johann Vorwagner Ges.mbH.&CO.KG.	07612/5025	Sternberg	15	4812	Pinsdorf
001006-3-8	Böhler Abfall-Abluft-Abwasser-Umweltschu	05522/74188	Wasserfeld 5		6805	Feldkirch
001005-3-8	BHS-Sondermüllentsorgungsgesellschaft m.	05523/51223	Treietstr.	2c	6833	Klaus
000002-3-6	Allg.Gewässerschutz u.Altöldienst GmbH&C	472236/03136-52069	Ernst Haeckel-S	43	8010	GRAZ
000603-3-6	Kovac Schrott GmbH. Nfg.KG.	0316/4604-0	Raiffeisenstr.	61	8010	GRAZ
004646-3-6	Saubermacher Dienstleistungsges.m.b.H.	461515	C.v.Hötzendorf-	160	8010	Graz
001253-3-6	Schlager Ges.m.b.H.	0316/52-5-51	Wetzelsdorferst	76	8020	GRAZ
001254-3-6	BGS Sonderabfallentsorgungs GmbH.	0316/67-15-56	Wiener Str.	338	8051	GRAZ-GOESTING
007017-3-6	A.S.A. Abfall Service Holding GesmbH.	0316/28-76-00	Straßganger Str	293	8053	Graz-Neuhart
007019-3-6	ASA Abfallservice Halbenrain GmbH.	0316/28-76-00	Straßganger Str	293	8053	Graz-Neuhart
004615-3-6	EDELHOFF Entsorgung GesmbH.	03135/54322	Vianovastraße	21	8402	Werndorf
000608-3-6	Juri Gottfried KG.	03842/81-5-01	Leobner Straße	5	8712	NIKLASDORF
007032-3-6	PURGATO Müllentsorgungsges.m.b.H.		Foirach	99	8712	Niklasdorf
000004-3-6	Rumpold Ges.m.b.H. .	03847/2332 fax:-23	Roseggergasse	4	8793	TROFAIACH